中国互联网
20年发展报告

中国网络空间研究院

人民出版社

目　　录

前　言

当今时代，以信息技术为核心的新一轮科技革命正在兴起，互联网日益成为创新驱动发展的先导力量，深刻改变着人们的生产生活，有力推动着社会发展。互联网真正让世界变成了地球村，让国际社会越来越成为你中有我、我中有你的命运共同体。

自 1994 年全功能接入互联网以来，中国互联网始终立足国情，紧扣时代脉搏，注重借鉴世界各国互联网发展的有益经验和做法，坚持开放发展、创新发展、共享发展，正确处理安全和发展、开放和自主、管理和服务的关系，取得显著发展成就。党的十八大以来，以习近平同志为总书记的党中央高度重视网络安全和信息化工作，做出建设网络强国、完善互联网管理领导体制等一系列重大战略决策。2014 年 2 月，中央网络安全和信息化领导小组成立，习近平总书记亲自担任组长，李克强、刘云山同志任副组长。领导小组的成立，是中国关于互联网管理领导体制的重大改革创新，开启了中国互联网发展和治理的崭新时代。中国互联网把握机遇，应势而动，顺势而为，进入了加速发展的快车道，不断为经济转型升级注入新动力，为社会生产生活构筑新空间,为国家治理能力现代化提供新支撑。

中国已拥有 7 亿网民,网民规模全球第一,这是一个了不起的数字,也是一个了不起的成就。截至 2015 年年末,中国有 90.1% 的网民通过手机上网,手机网民规模达 6.20 亿。网站总数达 423 万个,域名总数超过 3102 万个,.CN 域名数量达 1636 万个,在全球国家顶级域名中排名第一。固定宽带接入端口数达 4.7 亿,覆盖全国所有城市、乡镇和 95% 的行政村。固定宽带用户数超过 2 亿户,宽带用户规模居全球首位。建成全球最大的第四代移动通信(4G)网络,4G 用户近 3.9 亿。互联网经济在 GDP 中占比持续攀升,2014 年达 7%。网络零售交易额规模跃居全球第一,2015 年网络零售总额达 3.88 万亿元。互联网企业市值规模迅速扩大,互联网相关上市企业 328 家,其中在美国上市 61 家,沪深上市 209 家,香港上市 55 家,市值规模达 7.85 万亿元,相当于中国股市总市值的 25.6%。目前,阿里巴巴、腾讯、百度、京东 4 家公司进入全球互联网公司市值排名前 10;华为、蚂蚁金服、小米等非上市公司估值也进入全球前 20 名。

经过二十年波澜壮阔的发展,中国已成为举世瞩目的网络大国,探索出了一条具有中国特色的互联网发展之路,为世界互联网发展做出了中国贡献、创造了中国经验。

中国互联网发展的 20 年,是改革创新、开拓进取的 20 年。改革开放是中国互联网迅猛发展的时代背景。中国把发展互联网作为推进改革开放和现代化建设事业的重大机遇,提出了

"积极利用、科学发展、依法管理、确保安全"的方针,制定了一系列战略规划,出台了一系列政策法规,积极营造有利于互联网发展的政策、法律法规和市场环境,不断完善互联网领导管理体制,大力推动互联网在中国的发展和广泛应用。中国互联网发展的领导者、组织者、建设者、参与者深深植根于中国实际,秉承改革创新精神,积极探索,锐意进取,勇于担当,奋发有为,不断实现新的突破、创造出新的奇迹。

中国互联网发展的 20 年,是跨越式发展、驱动转型的 20 年。中国互联网紧紧围绕国家创新驱动战略,始终将信息技术创新和产业进步作为发展的原动力,形成了相对完善、基础较好的信息技术产业体系,取得了一系列技术创新成果,在一些领域已经接近或达到世界先进水平,建成了世界上规模最大的宽带网络,网络走进千家万户,网民数量世界第一,一批优秀的互联网企业跻身世界前列,实现了跨越式发展。互联网经济日益成为经济增长的新引擎和新亮点,推动制造业生产模式变革,引领带动农业现代化和服务业现代化,加速消费水平提高和消费结构升级,全方位驱动了中国经济的结构调整、转型升级和提质增效。

中国互联网发展的 20 年,是服务社会、造福人民的 20 年。中国互联网一直将惠及 13 亿中国人民作为发展的根本宗旨,致力于不断提升人民群众的物质生活和精神生活水平。互联网已经融入中国社会生活的方方面面,有力促进了教育、文化、基本医疗、公共卫生等公共服务均等化,显著提升了政府治理能力和公共服务水平,越来越成为人们学习、工作、生活的新空间,越来越成为获取公共服务的新平台,让亿万人民在共享互联网发展成果上有了更多的获得感。互联网极大地满足了人们信息创造、信息获取、信息利用和信息消费需求,让人们的生活在网络与现实社会相互交织中变得更加丰富多彩,网络空间成为亿万民众共同的精神家园。互联网作为人民群众特别是青年一代获取信息的主渠道,弘扬主旋律,传播正能量,进一步丰富了人民群众的精神文化生活,促进了社会文明进步,动员各族人民和各方面的积极性,共同为实现中华民族伟大复兴的中国梦而奋斗。

中国互联网发展的 20 年,是安全发展、依法治理的 20 年。网络安全是全人类面临的共同挑战。中国充分发挥政府、企业和社会在维护网络安全方面的作用,建立健全法律规范、行政监管、行业自律、技术保障、公共监督、社会教育相结合的网络生态治理体系,各方面齐抓共管,共筑网络安全防线,切实维护网络安全。积极培育全社会网络安全意识,提升网络安全技术防范能力和安全产业发展水平,加强网络舆论引导,倡导文明健康的网络生活方式,推动网络运行安全有序,网上不良信息大幅减少,网络生态不断净化,网络空间日渐清朗。坚持依法治网、依法办网、依法上网,全面推进网络空间法治化,不断完善法律法规和相关制度,严格网络执法,依法坚决打击网上侵犯知识产权、侵害公民个人隐私、网络敲诈等网络违法犯罪,维护人民群众合法权益。

中国互联网发展的 20 年,是开放包容、互利共赢的 20 年。 中国始终坚持统筹国际国内两种资源,深入开展互联网国际交流合作,广泛吸纳世界各国的技术、人才、资本、管理等先进资源要素促进互联网发展,鼓励和支持互联网企业走出去,积极参与"一带一路"建设。中国积极参与互联网国际技术标准制定、网络基础设施建设和网络空间国际治理体系建设,通过举办世界互联网大会等形式,搭建中国与世界互联互通的国际平台,建立国际互联网共享共治的中国平台,在全球互联网治理中发挥了重要作用。今天的中国已经成为全球最大的互联网市场,为各国企业提供了广阔的发展机遇和市场空间,也始终欢迎遵守中国法律法规的国外互联网企业来华发展。中国开放的大门不能关上,也不会关上。

随着世界多极化、经济全球化、文化多样化、社会信息化深入发展,互联网正在驱动中国加速向信息社会转型,对中国经济、政治、文化和社会的发展产生日益深刻的影响。党的十八届五中全会提出了创新、协调、绿色、开放、共享的新发展理念,这是在深刻总结国内外发展经验教训、深入分析国内外发展大势的基础上提出的,集中反映了我们党对经济社会发展规律的新认识。按照新发展理念推动中国经济社会发展,是当前和今后一个时期中国发展的总要求和大趋势。中国网信事业发展要积极主动适应这个大趋势。习近平总书记在 2016 年 4 月 19 日召开的网络安全和信息化工作座谈会上的重要讲话中指出,我国经济发展进入新常态,新常态要有新动力,互联网在这方面可以大有作为。他强调:"网信事业代表着新的生产力、新的发展方向,应该也能够在践行新发展理念上先行一步。"习近平总书记的重要讲话,站在人类社会历史发展的高度,准确把握世界互联网发展趋势,明确了网信事业在党和国家工作全局中的重要战略定位,体现了我们党对网信事业发展规律的深刻认识,为做好新形势下的网络安全和信息化工作指明了方向,提供了遵循。

2016 年是"十三五"开局之年,网络安全和信息化工作是"十三五"时期的重头戏。"风劲好扬帆"。展望未来,中国网信事业将以习近平总书记重要讲话精神为指引,全面贯彻以人民为中心的发展思想,坚定不移走中国特色社会主义治网之道,以更加开放的胸怀、更加包容的理念、更加创新的精神、更加务实的举措,向着网络基础设施基本普及、自主创新能力显著增强、信息经济全面发展、网络安全保障有力的目标不断前进,努力让网信事业更好造福国家和人民,为实现"两个一百年"奋斗目标和中华民族伟大复兴中国梦,为全人类的福祉做出新的更大的贡献!

一、中国互联网波澜壮阔的 20 年

中国互联网发展的二十年，是追梦、变革、创新与贡献的二十年。二十年来，中国互联网从无到有、从小到大、由大渐强，在中国改革开放的历史进程中创造了具有重大意义的时代传奇。中国互联网二十年的发展史，是一部中国技术和产业的创新史，是一部中国互联网人开拓创新、锐意进取的奋斗史，也是一部中国经济社会开放发展的进步史。

1993 年，在全球信息化风起云涌的大背景下，中国成立了国家经济信息化联席会议，对中国的信息化建设，特别是对国家信息网络基础设施建设做出了部署。1994 年，国务院批准中国科学院全面接入互联网。4 月 20 日，中国国家计算机与网络设施工程——中关村地区教育与科研示范网络（National Computing and Networking Facility of China，NCFC）取得了重大成果，通过 64 千比特每秒（Kbps）国际专线实现了与互联网的全功能连接，开启了中国的互联网时代。

随着世界范围内信息革命的深入发展，互联网对中国经济社会各领域的影响越来越深，互联网的发展和管理得到党和国家的高度重视。

2001 年 1 月,江泽民同志在出席全国宣传部长会议时强调,要高度重视互联网的舆论宣传,积极发展,充分运用,加强管理,趋利避害,不断增强网上宣传的影响力和战斗力,使之成为思想政治工作的新阵地,对外宣传的新渠道。

2007 年 1 月,胡锦涛同志在中央政治局集体学习世界网络技术发展和中国网络文化建设与管理时强调,必须以积极的态度、创新的精神,大力发展和传播健康向上的网络文化,切实把互联网建设好、利用好、管理好。

2014 年 2 月,习近平同志在中央网络安全和信息化领导小组第一次全体会议上强调,网络安全和信息化是事关国家安全和国家发展、事关广大人民群众工作生活的重大战略问题。没有网络安全就没有国家安全,没有信息化就没有现代化。要从国际国内大势出发,总体布局,统筹各方,创新发展,努力把我国建设成为网络强国。

在国家大政方针指引下,中国互联网蓬勃发展,走过了波澜壮阔的二十年发展历程。回首二十年,中国互联网发展总体历经了基础初创期、产业形成期、快速发展期,目前正处于融合创新期(见图 1)。

(一)基础初创期:开启中国互联网时代序幕

实现全功能接入互联网后的约六年时间,是中国互联网发展的基础初创期,也是互联网发展的启蒙阶段。这一时期,在积

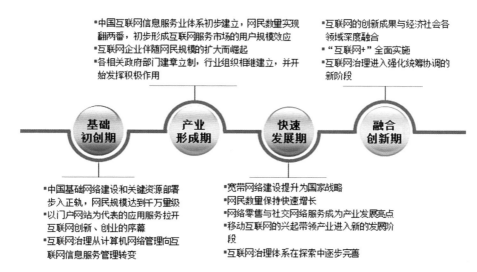

图 1　中国互联网发展阶段

极发展、加强管理、趋利避害、为我所用的原则思路指引下,中国基础网络建设和关键资源部署步入正轨,网民规模达到千万量级,以门户网站为代表的应用服务拉开互联网创新、创业的序幕。互联网治理从计算机网络管理向互联网信息服务管理转变。

科学技术是第一生产力,极具创新精神的中国科技工作者迈出了我国互联网发展的第一步。1987 年,王运丰教授等研究人员在北京计算机应用技术研究所建成电子邮件节点,并于 9 月 20 日向德国成功发出了电子邮件。1990 年 11 月,中国顶级域名.CN 完成注册。1994 年 4 月初,中美科技合作联委会在美国华盛顿举行,会前中国科学院副院长胡启恒代表中方向美国国家科学基金会(NSF)重申连入互联网的要求,获得 NSF 的认可。1994 年 4 月 20 日,NCFC 工程通过美国 Sprint 公司专线连入互联网。经过科技工作者的反复沟通与不懈努力,中国终于在 1994 年实现了全功能接入互联网,自此被国际上正式承认为真正拥有全功能互联网的国家。

1994 年 5 月,国家顶级域名.CN 服务器迁回中国,中国科学院计算机网络信息中心开通.CN 域名服务,中国科学院高能物理研究所设立了中国第一个 WEB 服务器,推出了中国第一套网页。1994 年 9 月,中国邮电部与美国商务部签订中美双方关于国际互联网的协议,规定将开通两条 64K 国际专线,一条在北京,一条在上海。1995 年 7 月,中国教育和科研计算机网第一条连接美国的 128Kbps 国际专线开通,同时开通了连接北京、上海、广州、南京、沈阳、西安、武汉、成都八个城市主干网的数字数据网(DDN)信道,并与 NCFC 互联(见图 2)。1996 年中国公用计算机互联网开通并向社会公众提供互联网接入服务,启动了中国互联网快速普及和商业化进程。1997 年,中国将互联网列入国家信息基础设施建设计划,逐步建成了具有国际出口能力的四大骨干网——中国教育和科研计算机网(CERNET)、中国公用计算机互联网(CHINANET)、中国科技网(CSTNET)、中国金桥信息网(CHINAGBN),并建立了中国国家顶级域名(.CN)运行管理体系。中国互联网从此成为全球信息高速公路的重要组成部分。

互联网应用的广阔市场前景,激发了中国互联网发展的第

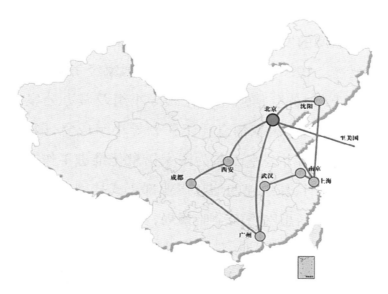

图 2　1995 年,中国教育和科研计算机网(CERNET)主干网拓扑图
图片来源:中国教育和科研计算机网

一波热潮。一批互联网接入服务企业开始将互联网引入大众市场,从 1997 年 10 月到 2000 年 12 月,中国网民数量从 62 万人增加到 2250 万人。以网易、搜狐、新浪三大门户网站为代表的一批互联网企业相继成立,人民网、新华网等多家中央重点新闻网站陆续上线,通过网络新闻、电子邮件、互联网广告等服务为广大网民打开了一个前所未有的网络空间。1996 年,瀛海威公司在北京中关村竖起了一块广告牌"中国人离信息高速公路还有多远? 向北一千五百米",至今在互联网行业仍留下深刻印象。1999 年 7 月,中华网成为中国第一个在美国纳斯达克上市的互联网公司,随后新浪、网易、搜狐三大门户网站相继上市,开创了中国互联网企业融资创业的新进程。

中国互联网的发展推动了计算机网络管理向互联网信息服务管理的转变。1996 年 1 月 13 日,在原国家经济信息化联席会议的基础上,国务院信息化工作领导小组及其办公室成立。1999 年 12 月 23 日,国家信息化工作领导小组成立,国务院信息化工作领导小组办公室改名为国家信息化推进工作办公室。1998 年 3 月 31 日,新组建的信息产业部正式挂牌。同年 8 月,公安部成立公共信息网络安全监察局,负责组织实施维护计算机网络安全,打击网上犯罪,对计算机信息系统安全保护情况进行监督管理。2000 年 3 月,国务院新闻办公室增设网络新闻宣传管理局,以加强互联网新闻宣传工作。中国在不断解决新问题的过程中,开启了探索依法治理互联网的征程。国务院颁布的《中华人民共和国计算机信息网络国际联网管理暂行规定》是中国互联网发展初期依法管理互联网的重要探索,《中华人民共和国电信条例》将互联网信息服务界定为电信增值业务,《互联网信息服务管理办法》明确了互联网信息服务的管理规则,《互联网站从事登载新闻业务管理暂行规定》依法规范互联网站登载新闻的业务。

(二)产业形成期:走上中国特色互联网发展道路

新世纪之初的约五年时间,是中国互联网发展的产业形成期。这一时期,中国互联网信息服务业体系逐步建立,网民数量实现翻两番,初步形成互联网服务市场的用户规模效应。伴随网民规模的扩大,以搜索引擎、电子商务、即时通信、社交网络、游戏娱乐等为主要业务的互联网企业迅速崛起。各相关政府部门建章立制,行业组织相继建立并开始发挥积极作用。

2000 年 8 月 21 日,第 16 届世界计算机大会在北京举行,会上中国提出了制定国际互联网公约,共同加强信息安全管理,充分发挥互联网积极作用的主张。2000 年 10 月 11 日,党的十五届五中全会明确指出,大力推进国民经济和社会信息化是覆盖现代化建设全局的战略举措,以信息化带动工业化,发挥后发优势,实现社会生产力的跨越式发展。2001 年 8 月 23 日,国家信息化领导小组重新组建,成立国务院信息化工作办公室,同时还成立了国家信息化专家咨询委员会。2002 年 11 月 8 日,党的十六大提出以信息化带动工业化,以工业化促进信息化,走出一条科技含量高、经济效益好、资源消耗低、环境污染少、人力资源优势得到充分发挥的新型工业化路子。

2005 年,中国网民数量突破 1 亿人,跃居世界第二位,固定宽带成为用户接入互联网的主要方式(见图 3)。立足广大网民的实际需求,网络接入、网络营销、电子商务、网络游戏等主要领域的商业模式初步形成,各领域有代表性的互联网企业快速成长,全产业链共同发展的产业格局基本建立。在搜索引擎领域,百度成为全球领先的中文搜索引擎企业。在电子商务领域,阿里巴巴创造性地建立了第三方支付工具——支付宝,推动了以淘宝网为代表的电子商务服务的发展。在即时通信和社交网络服务领域,腾讯被网民普遍接受,实现了用户规模的快速增长。

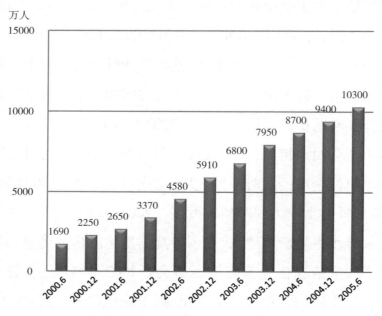

图 3　2000 年 6 月—2005 年 6 月中国网民规模

数据来源:CNNIC

　　伴随互联网的发展,依法治理互联网全面展开。2004 年 8 月,国务院颁布的《中华人民共和国电子签名法》成为中国信息化领域的第一部单行法律。中国还相继出台《互联网文化管理暂行规定》《电子认证服务管理办法》《互联网等信息网络传播视听节目管理办法》等多项规章。行业自律开始在中国互联网治理中发挥积极作用。2001 年 5 月,经民政部批准,中国互联网协会成立,成为中国第一个互联网行业组织。该协会由网络运营商、服务提供商、设备制造商、系统集成商以及科研、教育机构等 70 多家单位共同发起成立。2002 年 3 月,中国互联网协会组织 130 余家单位签署了中国第一部互联网行业自律公约。

(三)快速发展期:铸就世界互联网大国地位

从 2005 年网民规模突破 1 亿后的八年时间,是中国互联网的快速发展期。 这一时期,宽带网络建设上升为国家战略,网民数量保持快速增长,网络零售与社交网络服务成为产业发展亮点,移动互联网的兴起带动互联网发展进入新阶段,互联网治理体系在探索中逐步完善。

2006 年 5 月,《2006—2020 年国家信息化发展战略》印发,对中国信息化发展做出重要部署。2007 年 10 月 15 日,党的十七大报告提出,发展现代产业体系,大力推进信息化与工业化融合。加强网络文化建设和管理,营造良好网络环境。2007 年 12 月,《国民经济和社会发展信息化"十一五"规划》发布,明确了"十一五"时期国家信息化发展总体目标、主要任务、重大工程和保障措施。2012 年 5 月,国务院常务会议审议通过了《关于大力推进信息化发展和切实保障信息安全的若干意见》,对信息化发展和信息安全工作做出全面部署。2012 年 11 月 8 日,党的十八大报告提出,坚持走中国特色新型工业化、信息化、城镇化、农业现代化道路,推动信息化和工业化深度融合,促进工业化、信息化、城镇化、农业现代化同步发展。加强和改进网络内容建设,唱响网上主旋律,加强网络社会管理,推进网络规范有序运行。

2008 年 3 月,根据国务院机构改革方案,设立工业和信息化部为国务院组成部门,承担原信息产业部和原国务院信息化工作办公室的职责,成为中国互联网的行业主管部门。2011 年 5 月,国家互联网信息办公室正式成立,进一步加强互联网建设、发展和管理,提高网络管理水平。

网民规模的迅速扩大,为这一时期互联网大发展、大繁荣奠定了坚实的用户基础。2008 年年末,中国网民规模达到 2.98 亿,位居全球第一,互联网普及率达 22.6%,超过全球 21.9%的平均水平(见图 4)。截至 2013 年年末,中国网民总数已突破 6 亿。

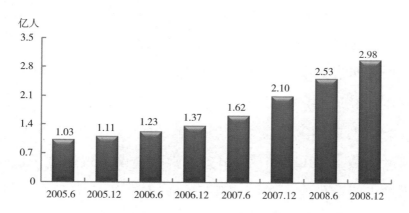

图 4 2005 年 6 月—2008 年 12 月中国网民规模

数据来源:CNNIC

电子商务成为极具代表性的互联网应用。中国网络零售交易额持续高速增长,2013 年位列世界之首,网购活跃用户数、网购商品数及配送支付的快捷程度达到国际领先水平(见图5)。从早期的人人网、开心网到微博客、微信,社交网络服务日益融入人们的日常生活,"无社交,不生活"成为中国网民生活的新常态。

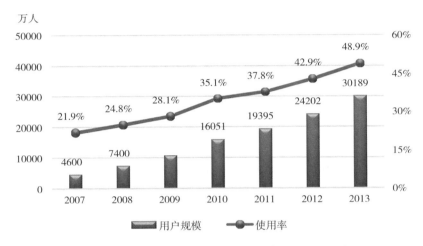

图5 2007—2013 年中国网络购物用户规模和使用率

数据来源:CNNIC

为了满足日益增长的网络服务需求,固定和移动宽带建设多次增速提质。2013 年,宽带网络首次列入国家战略性公共基础设施,云计算等新型信息基础设施建设起步,为互联网应用的不断丰富和用户体验的持续改善奠定了重要基础。智能终端和移动互联网的快速普及,推动互联网"泛在化",促进线上线下融合,拉动了信息消费。2012 年,手机首度超越台式电脑成为中国网民接入互联网的首选终端。2013 年年末,中国主要第三方应用商店提供的应用软件累计近 400 万个,累计下载规模约

3000 亿次。

随着互联网在国民经济和社会中的影响与日俱增,中国将互联网治理提升到新的高度,互联网治理体系建设不断取得重要进展。2010 年 6 月 8 日,国务院新闻办公室首次发表《中国互联网状况》白皮书,提出了中国政府关于互联网的基本政策"积极利用、科学发展、依法管理、确保安全"。2012 年 12 月,全国人大常委会出台了《全国人民代表大会常务委员会关于加强网络信息保护的决定》,实行网络身份管理制度,为个人信息保护提供了法律基础。

(四)融合创新期:吹响建设网络强国号角

融合创新期是现在进行时。2014 年中国提出网络强国战略以来,互联网的创新成果与经济社会各领域的融合更加深入,"互联网+"全面实施,互联网治理进入强化统筹协调的新阶段。

2014 年 2 月,中央网络安全和信息化领导小组成立。习近平总书记强调:建设网络强国,要有自己的技术,有过硬的技术;要有丰富全面的信息服务,繁荣发展的网络文化;要有良好的信息基础设施,形成实力雄厚的信息经济;要有高素质的网络安全和信息化人才队伍;要积极开展双边、多边的互联网国际交流合作。

2015 年,"互联网+"写入政府工作报告,成为国家层面的重大举措,对于加快体制机制改革、实施创新驱动战略,打造大众创业、万众创新和增加公共产品、公共服务"双引擎"具有重要意义。

2015 年 10 月,党的十八届五中全会审议通过的"十三五"规划建议,明确提出实施网络强国战略,实施"互联网+"行动计划,发展分享经济,实施国家大数据战略。

中国互联网治理将着眼于国家安全和长远发展,进一步加强顶层设计,健全完善治理体系,深入推进依法治网,全面加强网络安全保障,努力构建清朗网络空间,促进中国互联网持续健康繁荣发展。

1996 年, 中关村竖起广告牌: 中国人离信息高速公路还有多远? 向北一千五百米

(图片来源:CNNIC)

1996 年 11 月,中国第一家网络咖啡屋开业

（图片来源:新华社）

2013 年, 胡启恒院士入选国际互联网名人堂

（图片来源：中国互联网协会）

2014 年, 钱华林研究员入选国际互联网名人堂

（图片来源：天极网）

二、互联网成为国家经济社会
运行的重大公共基础设施

中国把握全球互联网发展趋势,持续推进网络基础设施建设和演进升级,建成了全球最大规模的互联网基础设施,达到了国际领先的网络建设技术水平,网络结构持续优化,网络性能显著提升,互联网关键资源拥有量位居世界前列。互联网已成为中国经济社会发展的大动脉,惠及了广大人民群众。

(一)宽带网络规模和建设水平国际领先

固定宽带接入技术持续升级,网络覆盖和用户规模全球第一。自 1995 年开展拨号上网业务以来,中国紧跟全球宽带发展趋势,持续加大网络建设投资,从窄带接入到低速宽带再到高速光纤,实现了固定宽带接入技术的快速演进升级。1999 年,基于非对称数字用户环路(ADSL)技术的宽带服务正式商用,开启了中国互联网的宽带接入时代。2005 年,宽带接入用户规模首次超越拨号上网用户,成为互联网接入的主要方式。2008 年,中国互联网用户和宽带用户规模双双达到世界第一,互联网和固定宽带的人口普及率超过全球平均水平(见图 6)。同年,下一代广播电视网(NGB)建设启动,基于有线电视网的宽带接入成为固定宽带的重要组成部分。2012 年 7 月,国务院印发《"十二五"国家战略性新兴产业发展规划》,提出实施"宽带中国"工程,要求到 2015 年城市和农村家庭分别实现平均 20 兆和 4 兆以上宽带接入能力。2013 年 8 月,国务院发布《"宽带中国"战略及实施方案》,明确提出宽带网络是新时期中国经济社会发展的战略性公共基础设施,"光进铜退"步伐全面提速,光纤接入(FTTx)成为主流接入技术,中国宽带进入新的发展阶段。截至 2015 年年末,固定宽带接入端口数达 4.7 亿个,已覆盖全国所有城市、乡镇和 95%的行政村。中国互联网普及率达到 50.3%,网民规模达到 6.88 亿(见图 7)。固定宽带用户数超过 2.1 亿户,其中光纤接入用户达到 1.2 亿,占宽带用户比重达到 56.1%。

移动通信网络加速演进,建成全球最大的移动宽带网络。1994 年 7 月 19 日,中国联合通信有限公司成立,拉开了中国电信业改革的序幕。2000 年 5 月 16 日,中国移动通信集团公司正式揭牌。中国形成了以中国电信、中国移动、中国联通三家企业为主的电信市场竞争格局。在开通第二代移动通信(2G)十年后,2004 年移动分组数据(GPRS)业务正式提供运营,当年移动互联网用户规模即达 2607 万户。2009 年年初,工业和信息化部为中国移动、中国电信和中国联通发放了 3 张第三代移动通信(3G)牌照。3G 牌照发放后,中国迅速建成三个在全球规

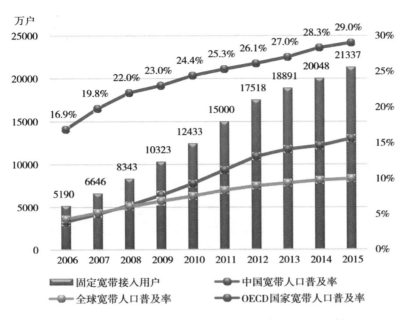

图 6　2006—2015 年中国宽带用户发展情况与国际比较

数据来源：工业和信息化部

模领先的 3G 网络。2010 年至 2013 年,中国 3G 用户大幅增长,移动互联网接入流量年均复合增长率超过 50%,3G 逐步替代 2G 成为移动宽带流量的主要承载网络(见图 8)。2012 年 1 月 18 日,时分长期演进技术(TD-LTE)被国际电信联盟确定为第四代移动通信国际标准之一。2013 年 12 月和 2015 年 2 月,第四代移动通信(4G)牌照分两批发放,中国建成了世界最大的 4G 网络,2G/3G 用户加速向 4G 迁移(见图 9)。截至 2015 年年末,4G 用户突破 3.8 亿户,移动宽带用户(3G/4G)规模位居全球第一,占移动用户总数比重达到 60.1%。2015 年,移动通信

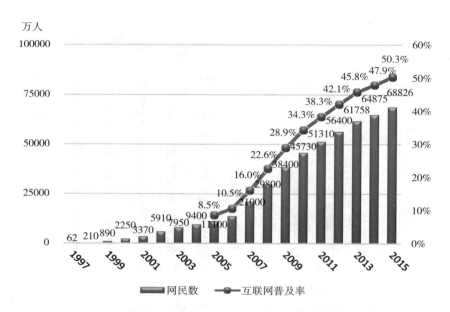

图 7　1997—2015 年中国网民规模和互联网普及率

数据来源：CNNIC

用户净增 1964.5 万户,总规模超过 13 亿户(见图 10)。

无线局域网快速发展,成为互联网接入的重要方式。中国无线局域网(WLAN)自 2001 年启用以来,与移动宽带网络日趋融合。基础电信运营企业是中国 WLAN 网络早期建设的主力,十余年来持续推进 WLAN 网络热点覆盖。截至 2014 年年末,WLAN 公共运营接入点(AP)总数达到 604.5 万个,对移动数据的分流效果明显。随着中国大力发展"无线城市"、"智慧城市",政府与企业广泛开展合作,推进城市公共区域、城市商铺以及城市交通工具的 WLAN 部署。目前,WLAN 已成为中国用户接入互联网特别是智能终端连网的重要方式,数量众多的用

图8　2009—2015年中国移动互联网接入流量规模及用户月均流量

数据来源：工业和信息化部

户在固定场所环境下将WLAN作为首选接入方式。2014年,中国网民家庭中Wi-Fi普及率为81.1%,家庭Wi-Fi对高龄成员上网呈现出较强的带动作用(见图11)。

农村信息基础设施实现跨越式发展,电信普遍服务能力大幅提升。为解决农村通信发展难题,2004年1月信息产业部出台了《农村通信普遍服务—村通工程实施方案》(简称"村通工程"),要求基础电信运营企业采取分片包干、自筹资金、自行经营维护的方式,承担农村及偏远地区的通信网络建设。村通工程分为三个阶段实施:第一阶段(2004—2005年)实现"全国95%以上行政村通电话";第二阶段(2006—2010年)基本实现

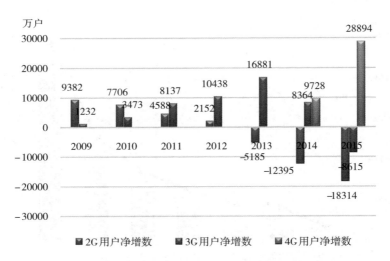

图 9　2009—2015 年中国新增移动通信用户构成

数据来源：工业和信息化部

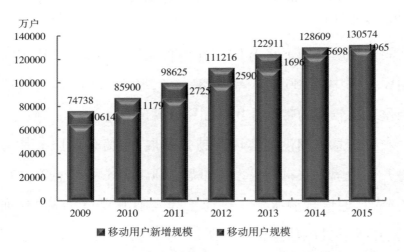

图 10　2009—2015 年中国移动通信用户及新增移动通信用户规模

数据来源：工业和信息化部

全国"村村通电话，乡乡能上网"；第三阶段（2011—2015 年）基

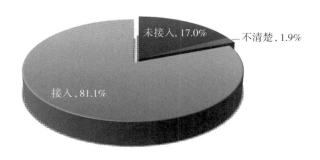

图 11　2014 年中国城镇电脑网民家庭 Wi-Fi 接入情况

数据来源：CNNIC

本实现行政村"村村通宽带"。经过十余年的推进,中国村通工程阶段性目标基本完成,农村通信能力建设和服务水平显著改善,通信普遍服务内容逐步从话音业务扩展到互联网业务(见图 12)。为进一步支持农村宽带建设,2014 年国家发展改革委、财政部、工业和信息化部联合启动实施"宽带乡村"工程,利用多渠道资金大力支持农村宽带建设和应用普及。截至 2014 年末,共完成 3000 余个乡镇和 15 万多个行政村宽带建设,1.8 万个特困村实现互联网覆盖、6400 个农村学校和公益机构通宽带。截至 2015 年年末,中国农村网民规模达到 1.95 亿(见图13)。目前,中国实现了 100% 的乡镇和 95% 的行政村通宽带,有 3 万个乡镇开展了信息下乡活动,占到全部乡镇总数的 85% 以上。农村信息机、"点点通"、经济型电脑等价廉物美的农村信息终端得到广泛使用。2015 年 10 月,国务院常务会议首次明确"改革创新电信普遍服务补偿机制",提出对农村及偏远地区宽带投资采取由中央、地方和企业共同推进的多元化资金支持和市场化运作机制,这是中国普遍服务机制的一次重大政策突破,为保障实现 2020 年农村宽带发展战略目标提供了有力支撑。

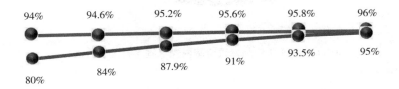

| 2010 | 2011 | 2012 | 2013 | 2014 | 2015 |

—●— 20 户以上自然村通电话比例   —●— 行政村通宽带比例

图 12　2010—2015 年中国农村通信网络发展情况

数据来源:工业和信息化部

(二)骨干网络持续优化演进

骨干网顶层架构持续优化,网间互通质量不断改善。1994 年以来,中国持续加大骨干网建设力度,形成了覆盖全国所有城市、由 4 家经营性互联单位和 4 家非经营性互联单位建设运营的多张高性能骨干网。2000 年以后,又逐步建立了以北京、上

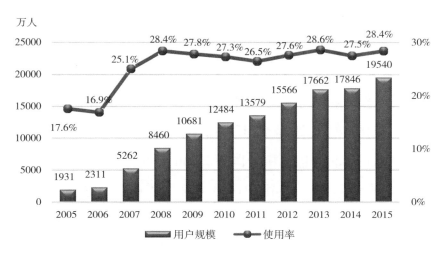

图 13   2005—2015 年中国农村网民规模及占比

数据来源：CNNIC

海、广州三个骨干直联点为主、交换中心为辅的骨干网网间互联顶层架构。2013 年，新增成都、武汉、西安、沈阳、南京、重庆、郑州 7 个骨干直联点。新增骨干直联点开通后，互联性能提升 60% 以上，骨干网间互通效率明显改善，区域均衡格局基本形成。

骨干网容量大幅提升，结构持续改进。2000 年以来，伴随光纤工艺、传输、路由设备的多次技术突破，中国骨干网的中继光缆长度增至近 100 万公里，单端口带宽能力从千比特每秒（Kbps）提升至 100 吉比特每秒（Gbps），互联网骨干网带宽实现了每年 50%—100% 的高速增长。截至 2014 年年末，中国骨干网带宽已超 100 太比特每秒（Tbps）。互联网网络结构持续优化,骨干网和城域网不断扁平化,从星形向网状网演进,骨干网络的疏导效率和用户服务能力大幅提升。

网络互联互通部署初见成效,国际互联能力加速提升。中国积极推进多层次的网络全球化布局,互联网国际出口带宽增长迅速(见图 14)。2006 年 12 月,中国电信、中国网通、中国联通、中华电信、韩国电信和美国 Verizon 公司宣布共同建设跨太平洋直达光缆系统。截至 2014 年年末,中国依托位于边境城市的 22 个信道出入口,已与周边 14 个国家和地区实现跨境光缆连接,网络通达亚、美、欧、非、澳等全球各方向,海外网络服务提供点(POP)建设规模达到 72 个。中国基础电信运营企业的国际地位显著提升,与全球顶级电信运营企业基本实现对等互联。自 2010 年起,中国国际互联网出入口带宽以年均 15%的速率增长,截至 2015 年年末达到 5266Gbps。

下一代互联网建设成果显著,从研究示范步入商用部署。中国下一代互联网(NGI)的发展经历了初步引入、应用示范、规模商用三个阶段(见图 15)。发展初期以互联网协议第六版(IPv6)试验网建设为主,同时启动了对未来网络技术的持续研究,一批 IPv6 试验网络建成并实现了国际互联。2003 年"中国下一代互联网示范工程(CNGI)"正式启动,2011 年建成了全球规模最大的纯 IPv6 网络,核心网包括覆盖全国 22 个城市的 59 个节点以及北京、上海两个国际交换中心。2012 年 3 月,CNGI 规模商用及产业化项目启动实施,拉开了下一代互联网规模商

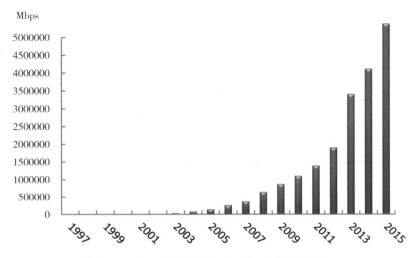

图14　1997—2015年中国国际互联网出口带宽

数据来源：CNNIC

用的序幕。2013年11月，"中国LTEv6工程"启动，加强中国自主研发的移动通信长期演进（LTE）技术支持IPv6，全面推进IPv6在4G网络中的应用。中国基础电信运营企业已在全国20多个重点城市全面推进网络及业务平台的升级改造，大力发展IPv6宽带接入用户。政府、学校、企事业单位的外网网站系统及商业网站系统的IPv6升级改造工作取得一定进展。据统计，2014年年末支持IPv6的中国网站数量超过1400个。

（三）应用基础设施快速发展

内容分发网络实现从无到有的飞跃，网络覆盖与分发能力日益提升。1998年内容分发网络（CDN）在中国投入使用，从早

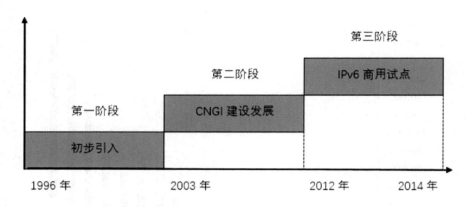

图 15 中国下一代互联网发展历程

数据来源：中国信息通信研究院

期仅有少数几家专业服务商，到今天主要基础电信运营企业和大型网站均参与建设或部署实施，CDN 覆盖范围不断扩大，分发能力不断提升，承载的业务不断拓展，已成为主要互联网企业云服务分发落地的重要平台（见图 16）。据统计，截至 2014 年年末，在 Alexa 网站排名前 100 的中国网站有 91% 采用了 CDN。随着"宽带中国"战略的实施，中国 CDN 建设呈现加速态势，已建成的各类 CDN 节点数超过 2400 个，覆盖全国各省级行政区，遍及各基础电信运营企业、CERNET 以及部分宽带接入服务提供企业，峰值带宽储备超 10T。

互联网数据中心规模快速增长，云计算服务成为重要发展方向。2004 年以来，各基础电信运营企业加大对互联网数据中心（IDC）建设的投入，标准化水平不断提高。IDC 快速向规模化、集中化、绿色化演进，市场规模保持两位数增长，形成了一批

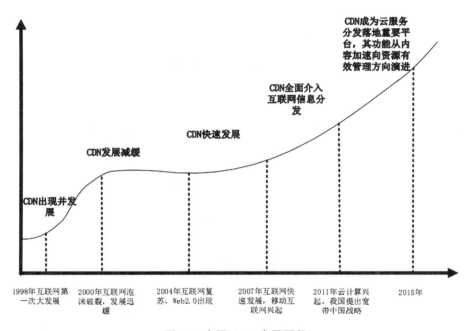

图16 中国 CDN 发展历程

数据来源:中国信息通信研究院

具有良好品牌与特色服务的代表性企业。主要互联网企业、基础电信运营企业以及其他行业的部分大型企业积极推进云计算数据中心建设,云计算资源与服务的承载和调度能力大幅提升。2012 年至 2014 年,新规划建设的大型云计算数据中心约 70个,可容纳服务器数量超过 800 万台。有数据显示,中国数据中心市场规模从 2011 年的 80.4 亿元增长到了 2014 年的 156 亿元(见图 17)。

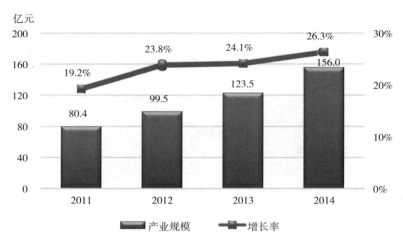

图 17 2011—2014 年中国数据中心市场规模及增长率

数据来源：赛迪智库

（四）互联网关键资源拥有量大幅增长

IP 地址拥有量快速增长，步入世界前列。 20 世纪 90 年代初，中国从亚太网络信息中心（APNIC）申请第一个 IPv4 地址。在互联网业务发展的推动和各方共同努力下，中国 IP 地址资源建设发展迅速。截至 2015 年年末，中国拥有的 IPv4 地址数量达 3.37 亿个（见图 18），IPv6 地址数量达到 20594 块/32 地址（见图 19），均位居世界第二位（见表 1）。

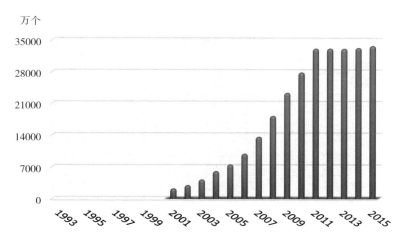

图 18 1991—2015 年中国 IPv4 地址数量

数据来源：APNIC、CNNIC

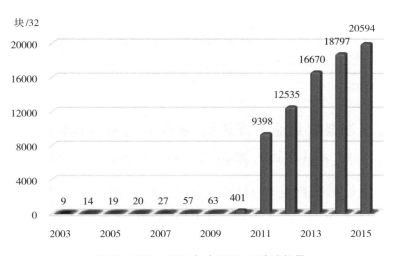

图 19 2003—2015 年中国 IPv6 地址数量

数据来源：CNNIC

表 1　2001—2015 年中国 IPv4、IPv6 地址数量

年份	IPv4 地址数量（万个）	IPv6 地址数量（块/32）
2001	2182	——
2002	2900	——
2003	4146	9
2004	5995	14
2005	7439	19
2006	9802	20
2007	13527	27
2008	18127	57
2009	23245	63
2010	27764	401
2011	33044	9398
2012	33053	12535
2013	33031	16670
2014	33199	18797
2015	33652	20594

数据来源：CNNIC

域名注册数量达千万量级，建成高效域名解析服务体系。1994 年 5 月，在钱天白教授和德国卡尔斯鲁厄大学的协助下，中国科学院计算机网络信息中心完成了中国国家顶级域名(.CN)服务器的设置，从此改变了中国 CN 顶级域名服务器放在国外的历史。经过多年发展，中国域名注册数量实现了快速增长，域名解析基础设施不断升级。2003 年国家顶级域(.CN)向公众开放域名注册，CN 域名获得了迅猛发展。2008 年 7 月 22 日，CN 域名注册量达 1218.8 万个，首次成为全球第一大国家顶级域

名。截至 2015 年年末,中国域名总数达到 3102 万个(见图
20),其中 CN 域名注册数量达到了 1636 万个,占据国内首位。
中国大力推动中文域名发展,2010 年中文国家顶级域".中国"
和".中國"入根,并实现全球解析。2012 年新通用顶级域开放
申请以来,中国机构成功申请了数十个新通用顶级域,".网络"、
".公司"、".公益"、".政务"等 20 多个中文顶级域成功实现入根
和全球解析。2003 年以来,中国引入多个根服务器的镜像节点
和".COM/.NET"顶级域镜像节点,不断改善用户体验。同时在
全球设置域名解析服务节点,形成了境内覆盖所有网络运营商,
境外覆盖亚太、欧洲、北美等地区的解析服务设施,为全球用户
访问中国网站提供良好服务。截至 2015 年年底,中国互联网备
案网站总数达到 423 万个。

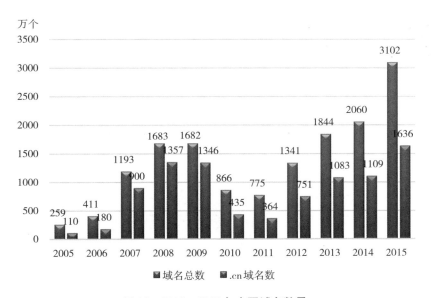

图20 2005—2015 年中国域名数量

数据来源:CNNIC

三、互联网技术产业实现创新跨越发展

中国深入实施创新驱动发展战略,大力推进互联网技术产业自主创新能力建设,在网络技术、移动芯片、智能终端、云计算、大数据、卫星导航等多个领域实现了重大突破,涌现了一批具有国际竞争力的网信企业,初步形成先进自主的互联网技术产业体系,走出了一条从引进吸收到创新跨越的发展之路。

(一)网络技术自主创新能力显著增强

数据通信技术创新能力明显提升,产业实现高端化发展。从 1994 年起,在国家科研专项和重大工程的引导下,伴随着网络基础设施的大规模建设和互联网应用的快速普及,产学研密切合作,中国数据通信技术创新能力显著增强,产业化能力加速提升,涌现出华为、中兴等一批成长迅速的高科技企业。以核心路由器为例,中国企业 1999 年突破 10G IPv4 核心路由器研制,2000 年后在 IPv6 核心路由器研制方面实现了从 2.5G、10G、40G、100G 到 400G 的跨越,自主研发高端网络处理器芯片(NP)取得成功。2014 年在全球率先发布了 T 级路由器,实现了从模仿到超越、从中低端市场迈向高端市场"质"的飞跃。

移动通信技术自主创新成果丰硕，加速塑造全球引领新优势。中国移动通信经历了 2G 跟随、3G 突破、4G 同步的发展历程，正在争取实现 5G 引领的新目标。20 世纪 90 年代，中国引进了全球移动通信系统（GSM）、码分多址（CDMA）等国外 2G 技术标准，逐步实现设备和产品的自主研发。2000 年 5 月，中国拥有自主知识产权的时分同步码分多址（TD-SCDMA）标准技术被国际电信联盟（ITU）正式批准成为 3G 国际标准之一。2004 年 12 月，全球第一个 TD-SCDMA 商用终端的国际长途电话成功演示。2009 年，中国成功实现了 TD-SCDMA 的商用，成为通信领域自主创新的重要里程碑。2012 年 1 月，中国主导的 TD-LTE 标准成为 4G 国际标准，实现了与频分双工长期演进技术（FDD-LTE）的同步发展。借助于 3G、4G 的技术积累和产业化发展成果，中国全面启动了 5G 研发和标准化工作，国际影响力显著提升。

光通信领域实现重点突破，加速了技术产业的集群式创新。1995 年，中国研制出第一套 155 兆比特每秒（Mbps）同步数字体系（SDH）设备和异步传输模式（ATM）交换机，打破了国际设备垄断国内市场的局面。近年来，中国企业在 100G 光传输网和密集波分复用（OTN/DWDM）、分组传输网/IP 无线接入网（PTN/IP RAN）、10G 以太网 PON/千兆 PON（EPON/GPON）接入等光传输技术领域取得了实质性突破。超高速超大容量超长距离光传输、软件定义弹性光网络、下一代光接入网、硅光子集成等前沿技术形成了一定积累。光纤预制棒等关键器件和材料自给能力显著增强。光通信市场规模不断扩大,产品种类不断丰富,技术实力和产业化能力大幅提升。

下一代互联网影响力显著提升,未来网络布局加速。中国高度重视下一代互联网和未来网络发展,从 1998 年开始持续支持网络新技术研发、标准制定和应用示范。在下一代互联网领域,主导完成了多项国际互联网工程任务组(IETF)标准,推动 IETF 成立专门工作组 SAVI 和 Softwire,在 IPv4/IPv6 互通与过渡、真实源地址验证、网络安全、路由协议等领域实现了重点突破,对下一代互联网核心技术的影响力逐步增强,表现出强劲的发展后劲,实现了产业化和规模化推广应用。随着中国互联网发展和互联网技术进步,参加 IETF 大会的中国互联网专家和技术人员越来越多,成为仅次于美国的第二大参与国。2010 年 11 月 7 日,IETF 第 79 次大会首次在中国北京举行,来自世界 52 个国家和地区的众多国际知名互联网技术专家,多项互联网技术创始人,以及互联网学者和工程技术人员 1200 余人参加了大会。在软件定义网络(SDN)和网络功能虚拟化(NFV)领域,中国专家在相关国际标准组织中贡献了大量文稿,中国企业推出了 SDN 解决方案和设备产品,并开始商用部署。在未来网络领域,中国自主提出了多个有国际影响力的网络技术方案,培养了多支具有较强创新能力的技术团队,加快建设国家级未来网络重大科技基础设施,为网络技术创新和可持续发展奠定了坚实基础。

（二）智能终端制造业加快赶超

移动芯片异军突起,带动集成电路产业快速崛起。 2000 年以来,在国家政策支持、技术引进和产业界的共同努力下,中国集成电路产业迎来一段高速发展期,2001 年到 2007 年收入年均增长率超过 30%,成为全球芯片产业发展最快的地区之一。2005 年,中国自主研发的首颗 0.13 微米 TD-SCDMA"通芯一号"3G 手机芯片产生。2009 年,中国凭借对 TD-SCDMA 标准及相关芯片技术的前期布局,在 3G 时代扭转了移动芯片严重依赖进口的局面,实现从"无芯"到"有芯"的跨越。2014 年,国产芯片在手机基带芯片出货量占比已达 20% 以上。移动芯片关键技术的不断进步,为集成电路产业升级和互联网发展奠定了良好基础。

中国手机生产能力大幅提升,国内外市场开拓取得长足进步。 在 2G 向 4G 的演进过程中,中国实现了手机生产能力与品牌塑造的双丰收。中国已成为全球最大手机生产国和出口国,2014 年全年国内手机市场累计出货量 4.52 亿部,半数以上出口;4G 手机出货量为 1.71 亿部,目前出货量占比已超过 3G。2012 年 12 月,中国手机网民规模达到 4.2 亿,使用手机上网的网民规模超过台式电脑。截至 2015 年年末,中国手机网民规模达到 6.20 亿,手机网民占整体网民的比例达到 90.1%(见图

21）。华为、联想、小米、中兴、酷派等国产品牌已与国际知名品牌平分秋色,海外市场开拓初见成效。中兴在160个国家和地区与230多家运营商建立了合作关系并提供各种价位的手机;华为基于海思芯片推出了一系列高档智能手机,加速建立终端品牌并向高端化发展。

图21　2006—2015年中国手机网民规模及其占网民比例

数据来源:CNNIC

新型智能终端蓬勃发展,孕育产业发展新高潮。阿里巴巴推出自主研发的智能终端操作系统,加速构建"终端+Web应用+云服务"一体化的自主应用生态。百度、小米、盛大、映趣科技等互联网企业加大可穿戴设备研发投入,相继推出智能眼镜、智能手表、智能鞋等新型智能终端产品。互联网企业、芯片厂商等将车载操作交互系统和车载处理器作为发展的突破口,纷纷进入车联网市场。海尔、中国电信等企业推出智能家居解决方案和系列产品,推动家居设备与智能终端的互联,不断创新影音娱乐、民生应用和智能家居新服务。基于互联网协议的电视(IPTV)处于高增长阶段,新出厂的电视普遍支持互联网接入,面向智能电视终端的操作系统等核心软件取得突破性进展。2005 年 4 月,国家广电总局正式批准上海文广新闻传媒集团下属的上海电视台,开办以电视机、手持设备为接收终端的视听节目传播业务,这是中国发放的首张 IPTV 业务经营牌照。2010年 3 月,国家广播电影电视总局发放首批三张互联网电视牌照。

(三)新技术新应用不断培育形成新业态

云计算和大数据技术创新取得重要进展,带动服务器和存储产业快速发展。互联网领军企业纷纷提出完整的云计算解决方案和开放平台,各类云服务蓬勃发展,在云操作系统等部分关键技术领域取得了突破,一批互联网创新企业和创新应用不断涌现。中国企业突破了艾字节(EB)级存储系统相关软硬件、亿级并发服务器系统等核心技术,在超大规模数据仓库、分布式存储和计算、基于人工智能的大数据分析等技术方面已经达到国际先进水平。互联网企业与基础电信运营企业共同开展了"天蝎项目",形成了一体化高密度的整机柜服务器解决方案,占据了国内主要市场,并对国际市场产生积极影响。2015 年,中国陆续出台《促进大数据发展行动纲要》、《关于运用大数据加强对市场主体服务和监管的若干意见》等政策性文件,以推动大数据产业发展。

物联网领域实现了重点突破,产业化应用快速部署。中国中高频射频识别(RFID)技术研究接近国际先进水平,以高端传感器、微机电系统(MEMS)为代表的新型传感器取得了重要突破。中国提出的面向工业过程自动化的工业无线网络技术标准(WIA-PA)被国际电工委员会(IEC)吸纳为国际标准。中国系统提出了机器到机器(M2M)网络架构、过载保护、小数据传输、终端唤醒、终端功耗等技术方案,并成功写入 3GPP 相关标准。2012 年 2 月 14 日,工业和信息化部发布《物联网"十二五"发展规划》。2013 年,国务院印发了《关于推进物联网有序建设发展的指导意见》,加快物联网的产业化步伐。目前,物联网已在工业、农业、交通运输、能源电力、食品安全、医疗卫生、智能家居、智慧城市等领域初步应用,不断催生新应用和新业态。

人工智能迎来新一轮发展热潮,加速催生新的增长点。中国在模式识别、人机交互、深度学习等领域取得重要进展,在人脑仿真、脑活动测量等领域形成一定基础。互联网企业凭借其拥有的用户资源和网上信息,积极开展网络智能搜索、商业智能挖掘等新服务,人工智能与云计算、大数据、物联网、移动互联网等领域不断深入融合和创新发展,加速催生新的技术方向、服务方式和经济增长点。

北斗卫星导航系统的覆盖范围不断扩大,导航及位置服务

应用占据一席之地。自 2000 年发射第一颗卫星起,北斗卫星导航系统开始向中国及周边地区提供服务。2012 年年末,北斗卫星导航系统正式向亚太大部分地区提供服务,加快推进全球覆盖,天地一体网络初具规模。目前,北斗卫星导航系统产业化进程明显加速,国内卫星导航市场新增销售产品及系统超过 80%已采用北斗兼容技术,交通、公安、国防等重点领域的北斗应用比例进一步提高,规模不断扩大。

四、互联网加速经济转型升级

中国全面推动互联网与经济的深度融合,电子商务、互联网信息服务蓬勃发展,互联网与产业融合发展的新模式、新业态不断涌现,为经济发展的速度变化、结构优化、动力转换提供了新动能,加速推动经济转型升级和提质增效。

(一)电子商务引领互联网经济发展

电子商务市场发展迅猛,网络零售交易规模跃居全球首位。中国电子商务市场起步较早,1997 年首家企业对企业(B2B)电商平台"中国化工信息网"正式上线,1999 年首家消费者对消费者(C2C)电子商务平台易趣网、首家企业对消费者(B2C)电子商务平台 8848 相继成立,开创了中国电子商务发展的先河。随着互联网与商务领域融合不断深化,电子商务逐步成为中国互联网经济最为活跃的领域。电子商务市场交易总额从 2004 年不足 1 万亿元,增长至 2014 年的 13.4 万亿元,十年间的年均复合增长率高达 30.6%(见图 22)。网络零售是电子商务的发展亮点,网络零售额(通过自建网站和第三方平台等公共网络交易平台实现的商品和服务零售额)以年均 60% 以上的增速迅速扩大。2009 年中国网络购物用户总数首次突破 1 亿人,规模效应开始显现。2013 年中国网络零售交易规模超过美国,成为世界第一大网络零售市场。2014 年达到 2.8 万亿元,在社会消费品零售总额的占比提升至 10.6%(见图 23)。2015 年网络零售总额达 3.88 万亿元。2015 年 11 月 12 日,阿里巴巴所属各平台"双十一"当天总交易额达到 912 亿元,其中在移动端交易额占比 68%,物流订单 2.78 亿,再次刷新网上零售交易记录。同时,网络零售的品类日益丰富,从早期以图书、计算机、通信和消费电子产品等标准化品类为主,扩展到覆盖服装、生鲜食品等各类非标准化商品,服务类商品成为近年来的发展热点,交易规模快速扩张。有研究报告显示,在电子商务快速增长的带动下,中国互联网经济对国家经济的贡献程度已比肩发达国家。

移动购物快速发展,跨境电子商务蓬勃兴起。近年来,中国的移动购物发展迅猛,成为网络零售的新增长点。2012 年至 2015 年,中国手机网购用户规模从 5549 万人迅速增长到 3.40 亿人,在手机网民中的使用率从 13.2% 提高到 54.8%,移动购物市场规模从 2012 年的 116.8 亿元增长至 2014 年的 9297.1 亿元(见图 24)。随着对外开放水平的不断提高,中国互联网企业和商贸服务企业积极构建并不断完善跨境电子商务平台,各级政府也大力为跨境电子商务创造贸易便利。中国商务部数据显示,2014 年中国跨境网络零售交易额达到 4492 亿元,同比增长 44%。各大电子商务平台纷纷上线跨境业务,2015 年阿里巴

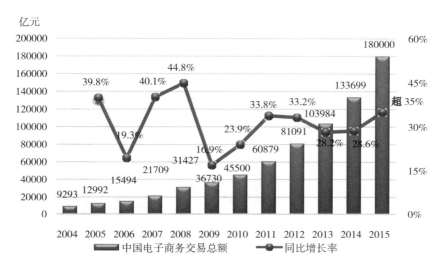

图 22 2004—2015 年中国电子商务交易总额及增长率

数据来源:历年《中国电子商务报告》

图 23 2008—2015 年中国网络零售交易额及增长率

数据来源:历年《中国电子商务报告》

巴天猫"双十一"活动拓展至全球范围,有 232 个国家和地区参与其中。

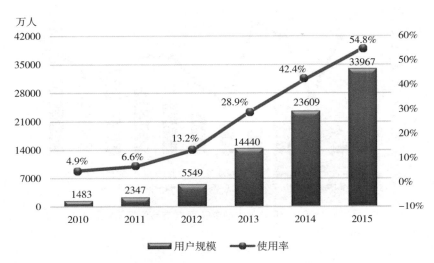

图 24 2010—2015 年中国手机网购用户规模和使用率

数据来源:CNNIC

农村电子商务快速发展,带动农村经济持续增长。得益于农村地区互联网的普及,农民能够更加便利地利用互联网销售农副产品,购买生产资料和生活用品,了解外界市场信息和就业信息,寻找致富门路,实现收入的持续增长。近年来,中国农村电子商务快速增长,阿里研究院发布报告显示,截至 2014 年年末,中国涌现出淘宝村 212 个、淘宝镇 19 个,农村网店 7 万家以上,直接就业超过 28 万人,农产品网商达到 75 万户,农村网购市场规模达到 1800 亿元。据中国互联网络信息中心数据,农村网民网络购物用户规模为 7714 万,年增长率高达 40.6%,远高于城镇网民(见图25)。

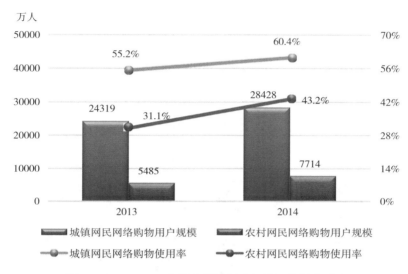

图25　2013—2014年城乡网购用户规模和使用率对比

数据来源:CNNIC

企业电子商务应用范围持续拓展,商业模式不断创新。电子商务平台加速向生产领域拓展延伸,开辟了企业增收新渠道,为大众创业、万众创新提供了新空间,增强了经济转型升级动力。近年来,电子商务领域的商业模式不断创新,涌现出消费者向企业(C2B)定制、制造商对消费者(M2C)的工厂网络直销、线上线下互动(O2O)的本地生活服务、新型社交电子商务等一系列新模式。截至2015年年底,中国企业互联网接入率为95.2%,与发达国家的差距日益缩小(见图26)。企业网上采购和销售的比重逐年上升,2015年分别达到31.5%和32.6%。互联网成为中国企业进行营销推广的首选渠道,2015年企业利用电子商务平台进行营销推广的比例为 48.4%（见图 27）。2014
年,中国网络广告市场规模达到 1540 亿元（见图 28）。其中,以
QQ、微信为代表的即时通讯营销,以百度、搜狗推广为代表的搜
索引擎营销推广,以阿里巴巴、京东为代表的电子商务平台推广
最受企业欢迎。钢铁、石化、冶金、汽车等行业形成了一批百亿
元乃至千亿元级的第三方电子商务交易平台。

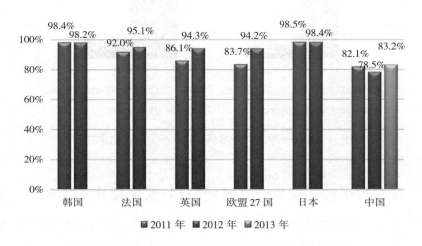

图 26　中国与部分国家和地区企业互联网普及率比较

数据来源:CNNIC

　　政府高度重视电子商务,积极构建良好发展环境。按照
"在发展中规范,以规范促发展"的原则,中国出台了一系列政
策、规章和标准,逐一完善协调机制、信用体系和认证服务等配
套支撑体系,激发了电子商务的创新活力、创造潜力和创业动
力。国务院确立了各部门协同促进电子商务发展的工作协调机
制,电子商务市场准入门槛不断降低,竞争逐步规范。2005 年 1

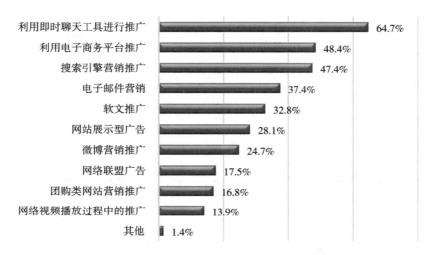

利用即时聊天工具进行推广　64.7%
利用电子商务平台推广　48.4%
搜索引擎营销推广　47.4%
电子邮件营销　37.4%
软文推广　32.8%
网站展示型广告　28.1%
微博营销推广　24.7%
网络联盟广告　17.5%
团购类网站营销推广　16.8%
网络视频播放过程中的推广　13.9%
其他　1.4%

图27　2015年中国企业各类互联网营销方式的使用情况

数据来源：CNNIC

月，《国务院办公厅关于加快电子商务发展的若干意见》发布，重点推进骨干企业电子商务应用，推动行业电子商务应用，支持中小企业电子商务应用，促进面向消费者的电子商务应用。2007年6月，国家发展和改革委员会、国务院信息化工作办公室联合发布《电子商务发展"十一五"规划》，首次在国家政策层面确立了发展电子商务的战略和任务。2015年，国务院办公厅印发了《关于促进跨境电子商务健康快速发展的指导意见》《关于促进农村电子商务加快发展的指导意见》。各部门信息共享和协同监督机制逐渐完善，积极开展电子商务网站可信认证服务，推广应用网站可信标识，为电子商务用户识别假冒、钓鱼网站提供手段。各级政府大力支持电子商务发展，带动创业、创

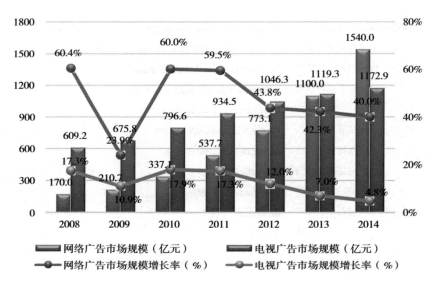

图 28　2008—2014 年中国网络广告和电视广告市场规模及增长率

数据来源:《传媒蓝皮书 2015》

新,促进信息消费扩大内需。中国正在形成政府指导、多方参与、标准统一的电子商务信用体系,为建设安全可信的电子商务发展环境提供了有力支撑。截至 2014 年,经国家批准的电子认证服务机构达到 36 家,电子认证服务使用密码许可单位达 38 家,有效电子认证证书持有量合计约 27831.8 万张。中国电子认证服务产业总体规模保持快速增长态势,2014 年达到 129.9 亿元,首次迈上百亿元台阶(见图 29)。

(二)互联网信息服务创新活跃

互联网信息服务业快速发展,移动互联网成为新的增长点。

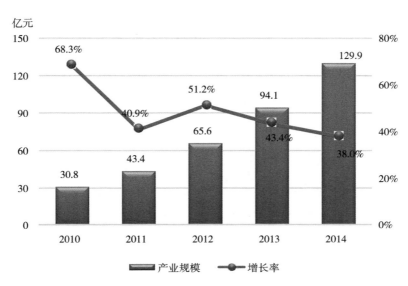

图 29   2010—2014 年中国电子认证服务业总体市场规模及增长率

数据来源：赛迪智库

1997 年 2 月,瀛海威公司在北京、上海、广州、福州、深圳、西安、沈阳、哈尔滨 8 个城市开通全国网络,成为中国最早、也是当时最大的民营互联网服务提供企业。1998 年 11 月,马化腾和张志东注册成立"深圳市腾讯计算机系统有限公司",同年 12 月马云和其他 17 位创建人在杭州发布了首个网上贸易市场"阿里巴巴在线"。自此,一批互联网企业围绕自身优势业务积极构建新型平台,着力打造各具特色的生态系统,吸引大量开发者加入,激发互联网信息服务创新活力,推动产业规模持续增长。2007 年,腾讯、百度、阿里巴巴等互联网企业市值先后超过 100 亿美元,跻身全球最大互联网企业之列。2015 年,阿里巴巴、腾讯、百度、京东四家互联网公司跻身全球市值前 10 名,10 家中国互联网企业位列全球市值前 30 名;华为、蚂蚁金服、小米等非上市公司估值也进入全球前 20 名。伴随移动互联网的迅猛发展,互联网信息服务业积极探索与传统产业的融合创新,不断向上游硬件产品生产链条与下游用户服务体系延伸,在细分垂直领域涌现出一大批各具特色的新型应用,小微企业创新活力和个人创业热情显著提升。

互联网信息服务企业迅速成长,成为全球资本市场活跃力量。海外上市融资为中国早期没有盈利、资金缺乏但成长性高的互联网企业提供了快速扩张的资本和动力,推动了中国互联网企业高速增长。二十年来,中国互联网企业经历了五次海外上市热潮,也集中体现了中国互联网企业从小变大的快速成长历程。1999 年至 2000 年,中华网、新浪、网易、搜狐等门户网站开启了中国互联网企业海外上市的先河。2003 年至 2004 年,以携程、艺龙等在线旅游服务以及腾讯、百度为代表,掀起第二轮上市热潮。2007 年,以完美时空、巨人网络、金山软件等网络游戏为代表,是中国互联网企业的第三轮上市热潮。2010 年,以当当网、麦考林等垂直电商为代表,成为第四轮上市热潮。2014 年第五轮上市潮出现,短短 9 个月,新浪微博、京东、聚美优品、阿里巴巴等 10 家互联网企业先后成功在美国上市,阿里巴巴创造了美国股市历史最高的首次发行募股(IPO)记录。国内互联网投融资环境逐步改善,私募基金和风险投资机构快速成长,为国内初创企业的成长提供动力。2013 年以后,初创企业在资本市场推动下快速发展,蚂蚁金服、小米科技等中国企业在全球初创企业估值榜上位居前列。目前,互联网相关上市企业 328 家,其中在美国上市 61 家,沪深上市 209 家,香港上市 55 家,市值规模达 7.85 万亿元,相当于中国股市总市值的 25.6%。

搜索引擎市场规模持续扩大,有效满足用户需求。搜索引擎市场随着网民的扩大而持续增加,2014 年中国搜索引擎市场规模约 600 亿元,百度、奇虎 360、搜狗、中国搜索等本土企业占据国内 90%以上搜索市场份额,其中百度移动端搜索收入首次超越台式电脑。截至 2015 年年末,搜索引擎用户达 5.66 亿人,使用率为 82.3%。移动搜索成为搜索引擎服务的新增长点,手机搜索用户数达 4.78 亿人,使用率达 77.1%(见图 30)。搜索引擎发挥连接用户与服务环节的桥梁作用,服务模式从提供单一的信息搜索服务向综合服务提供商和"一站式"生活服务平台转型,推动形成新的互联网生态链。在实物与服务产品交易方面,搜索引擎推出直达服务,直接将产品和服务呈现给用户,面向企业提供云计算增值服务,提供精准推送等网络营销。在公共服务方面,搜索引擎加强与政府部门合作,积极参与智慧城市、智慧医疗等项目建设。

社交与即时通信功能融合,移动社交成为最受欢迎的互联网应用。互联网的开放、互动、共享特性,有力推动社交网络不断演进创新。1994 年 5 月,国家智能计算机研究开发中心开通

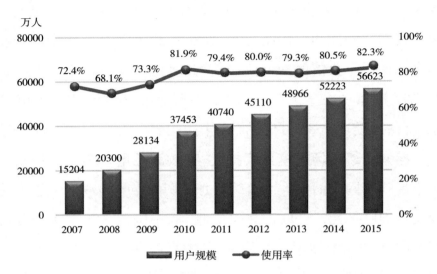

图30　2007—2015年中国搜索引擎用户规模和使用率

数据来源：CNNIC

中国首个网络论坛（BBS）——曙光BBS。1999年，腾讯推出即时通信服务，当年注册账号数突破100万。2005年，博客在中国进入大规模商业化运作阶段，开心网、人人网等各类社交网站相继出现。2009年，新浪微博上线测试运营，2014年实现美国上市。2011年，腾讯继QQ之后推出微信业务，迅速成为主流即时通信与社交网络应用，陌陌、易信等即时通讯应用也快速发展。2012年，中国微博用户超过3亿（见图31）。截至2015年三季度末，腾讯微信月活跃用户为6.5亿，新浪微博月活跃用户达到2.22亿（均按注册账号统计）。微信等即时通信工具还拓展开发支付、购物、游戏等业务，发展成集社交、媒体、购物、娱乐等于一身的综合平台。2015年，中国即时通信用户规模达到

6.24亿(见图32)。各类社交应用加速与移动互联网深度融合,产生了一批以图片社交、特定社群社交为代表的个性化、垂直化新型社交应用。

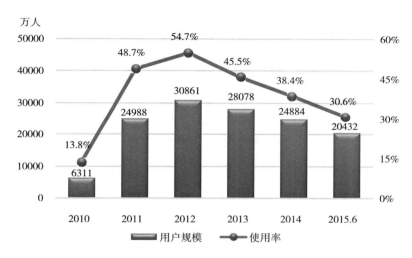

图31 2010—2015年6月中国微博用户规模和使用率

数据来源:CNNIC

(三)"互联网+"驱动产业融合发展

互联网与工业融合加速,推动信息化与工业化深度融合进程。以互联网为代表的信息通信技术在工业研发设计、生产流程、企业管理、物流配送等关键环节的应用不断深化,正在从单项业务应用向多业务综合集成转变,从单一企业应用向产业链协同应用转变,从局部流程优化向全业务流程再造转变。智能制造推动中国工业产品从价值链低端向高端跃升,智能装备和

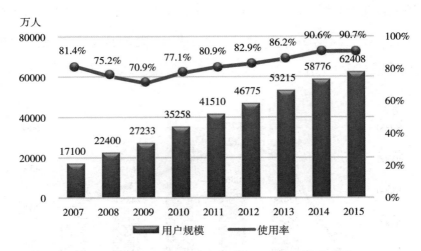

图 32　2007—2015 年中国即时通信用户规模和使用率

数据来源：CNNIC

成套设备投入使用比例不断提高，智能工厂初见成效。随着两
化融合管理体系贯标、互联网与工业融合创新等工作和示范项
目的推进，工业领域诸多行业涌现出一批具有代表性的新模式、
新形态。家电、服装、家具等行业出现了大规模个性化定制的新
型生产方式，海尔集团、青岛红领、维尚家具、小米科技等一批创
新型企业通过构建新型生产模式满足了人们日益个性化、多样
化的消费需求；工程机械、电力设备、风机制造等行业的服务型
制造业务快速发展，陕鼓、徐工、东方电气等企业基于互联网的
全生命周期管理、融资租赁业务成为企业利润的重要来源。
2015 年 5 月 19 日，国务院印发《中国制造 2025》，部署全面推进
实施制造强国战略。这是中国实施制造强国战略第一个十年的
行动纲领，启动了制造业创新中心（工业技术研究基地）建设工

程、智能制造工程等重大工程。

线上线下互动模式活力显现,引领互联网与服务业融合创新。以移动互联网为代表的新技术不断驱动线上线下(O2O)互动融合,为消费者提供了更多服务选择和交付便利,基于用户数据的深度挖掘进一步增强了商品服务与用户需求的匹配度,促进了产业链资源整合、实体店转型、运营效率提升和商业模式创新。O2O 不仅自身是独具活力的经济形态,更是扩大消费的新途径、新亮点。目前,O2O 已成为大众创业、万众创新最活跃的领域,旅游、租车约车、餐饮外卖、家政服务、美容保健、教育培训、车辆维保等服务业领域,基于 O2O 模式的产品种类和服务形态日益丰富。数据显示,中国旅行预订市场增长迅猛,截至 2015 年末,用户规模已达 2.60 亿,使用率达 37.7%(见图 33)。

网络零售带动物流成为新千亿元级产业,物流服务水平显著提升。网购加速快递业业务量提升,带动物流业快速发展。2010 年到 2014 年,中国快递服务企业的业务量从 23.4 亿件增长至 139.6 亿件,业务收入从 574.6 亿元增至 2045.4 亿元,其中超过 60% 的快递业务来自网购。适应网络零售快速发展的新形势,国家邮政局、商务部专门出台《关于促进快递服务与网络零售协同发展的指导意见》,推动电子商务物流快速发展。在利好政策影响下,电子商务及物流行业的龙头企业纷纷加强物流网络建设与物流合作,提供"异地次日达"、"同城当日达"、"一日多送"等高质量服务,通过实时包裹查询跟踪服务、完善

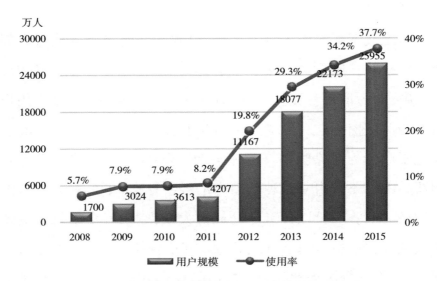

图 33　2008—2015 年中国旅行预订用户规模和使用率

数据来源：CNNIC

保险制度和追责赔偿条款等措施，不断提升物流服务水平。

　　互联网金融服务崛起，推动普惠金融快速发展。早在 1998 年，中国人民银行和中国银行业就开始关注互联网在金融领域的应用，开展专门研究并积极推动网上银行等互联网创新应用。1999 年 9 月，招商银行率先在中国全面启动"一网通"网上银行服务，建立了由网上企业银行、网上个人银行、网上支付、网上证券及网上商城为核心的网络银行服务体系，并经中国人民银行批准，首家开展网上个人银行业务。2001 年 7 月，中国人民银行颁布《网上银行业务管理暂行办法》，以规范和引导中国网上银行业健康发展。2010 年中国正式实施《非金融机构支付服务管理办法》，2011 年 5 月，中国人民银行下发首批 27 张第三方支付牌照——《支付业务许可证》，第三方支付市场进入规范有序的发展阶段。自 2008 年起，中国第三方互联网支付交易规模保持 50% 以上的年复合增长，到 2014 年市场规模突破 8 万亿元（见图 34）。截至 2015 年末，中国网上银行用户数达 3.36 亿人，网上支付用户规模达到 4.16 亿，使用率达 60.5%（见图 35）。基于云计算、大数据、社交网络的互联网金融创新，催生出一批新兴业务，降低了金融服务门槛，更好地满足经济社会各类投融资需求。银行（支付）、证券、保险、基金、融资租赁等传统金融服务与互联网的创新融合发展，推动互联网金融产品向移动、泛在化发展，便利和丰富了人们投融资的渠道与方式。2014 年 1 月，微信"抢红包"迅速盛行，仅 2014 年春节期间，超过 800 万用户参与了抢红包活动，超过 4000 万个红包被领取，极大促进了互联网用户对移动支付的使用。2014 年互联网银行开始起步，2 家民营互联网银行的筹建申请获批，探索利用大数据信用评级进行线上金融业务交易。蚂蚁金服通过互联网金融创新服务，利用电子商务交易大数据建立征信体系，为小规模融资贷款提供服务，2014 年实现了 189 亿元的收入，年增长率 89%。逐步规范发展的网络借贷和众筹通过互联网平台向社会募集资金，更灵活高效满足产品开发、企业成长和个人创业的融资需求，有效增加金融体系服务小微企业和创业者的新功能，拓展了创业创新投融资新渠道。

互联网催生交通出行新模式，打造综合交通运输服务体系。

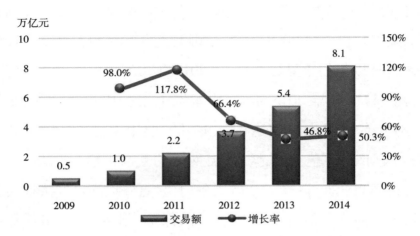

图 34　2009—2014 年中国第三方互联网支付交易规模及增长率

数据来源：历年《中国电子商务报告》

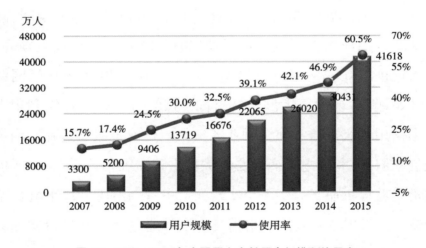

图 35　2007—2015 年中国网上支付用户规模和使用率

数据来源：CNNIC

以信息和位置服务为支撑，ETC、一卡通、电子订票、商务租车、分时租赁等服务模式极大便利了人们的日常出行，互联网带来航空、铁路、公路、轨道交通、公共交通等交通出行方式的巨大变化。以 ETC 和公交 IC 卡为代表的综合电子支付广泛普及,中国已完成 ETC 全国联网,累计建成 1.01 万条 ETC 专用车道、4.5 万条人工刷卡(MTC)车道,服务全国近 2200 万 ETC 用户。网上购买火车票、飞机票、长途客运车票等相关电子服务应用显著提升公众出行便利性,导航电子地图实时为公众提供基于位置的各类智能出行信息服务,包括交通拥堵、通行时间、公交到站预测、停车预约等信息。网络预约车等全新出行服务业态,有效地满足居民个性化出行需要,减少了乘客出行的时间成本,提高了出行的效率,汽车共享服务成为缓解城市交通拥堵状况的重要方向。截至 2014 年 12 月,中国网约车 APP 累计账户规模达 1.72 亿元。

五、互联网有力提升公共服务水平

中国注重利用互联网的普惠、便捷、共享特性,加快推进社会化应用,推动电子政务发展,创新社会治理方式,提升公共服务水平,促进民生改善与社会和谐。

(一)电子政务打造在线政府

政府网站成为政府信息和政务公开的主要渠道。1999 年,以"政府上网工程"启动为标志,中国政府信息化建设进入了一个新阶段,各级政府网站建设成效显著。2006 年 1 月 1 日,中华人民共和国中央人民政府门户网站(www.gov.cn)正式开通。截至 2014 年,中央政府、各部委和省级、地市级政府普遍建立了政府官网(见表 2),基本具备信息公开、网上办事、政府和公众互动功能。2008 年,《中华人民共和国政府信息公开条例》颁布实施后,60 个中央部委及直属机构、31 个省级政府公布了依申请公开的信息公开流程,政府信息公开年度报告发布更加规范、完善,目前已初步建成政府信息公开目录和指南。北京、上海等地政府数据开放平台投入使用,提供数据资源开放和开发应用程序等增值服务,推动了政府数据资源的社会化开发利用。截至 2015 年 12 月,中国接入互联网的企业中,有 58.3%通过互联网从政府机构获取信息,79.3%利用互联网与政府机构互动开展在线办事。

表 2　各级政府网站建设情况

年份	部委	省级	地级	县级
2005	90.3%	93.1%	69.3%	73.5%
2007	96.0%	100%	98.5%	83.0%
2008	96.1%	100%	99.1%	——
2009	100%	100%	98.0%	96.0%
2014	100%	100%	100%	80.0%

数据来源:历年《中国电子政务发展报告》

基于互联网的公共服务能力大幅提升。1994 年 6 月,《国务院办公厅关于"三金工程"有关问题的通知》发布,"三金工程"即金桥、金关、金卡工程自此全面展开。2000 年 10 月,时任福建省省长习近平同志提出建设"数字福建"的战略部署,强调建设"数字福建"是当今世界最重要的科技制高点之一,要选准抓住这个科技制高点,集中力量,奋力攻克。2001 年 2 月,福建省成立"数字福建"建设领导小组,习近平同志亲自任组长,启动"数字福建"建设。2002 年 8 月,《国家信息化领导小组关于我国电子政务建设的指导意见》发布,提出要加快办公业务资源系统、金关、金税、金融监督(含金卡)、宏观经济管理、金财、金盾、金审、社会保障、金农、金质和金水等十二个重要业务系统建设,业界把这十二个重要业务系统建设统称为"十二金"工程。2007 年 9 月 30 日,国家电子政务网络中央级传输骨干网网络正式开通,标志着统一的国家电子政务网络框架基本形成。随着电子政务与政府事务日益融合,金关、金税、金盾、金审、金保等一批国家重点信息应用系统达到国际先进水平,政府部门信息共享稳步推进,为民服务效率显著提升。网上与实体大厅服务、线上与线下服务相结合的新型政府公共服务模式逐步建立,为个人和企业提供在线一站式办事服务,打造全功能、全方位、全天候的便民窗口。目前,中国 96% 的政务网站提供网上在线办事服务,基本实现了个人和企业用户需求的全覆盖,政务事项网上全程办事率达 73.3%。税务机关网上办税系统与人民银行、商业银行联网建设财税库银横向联网缴税系统,提供全过程网上办税服务,全国近 80% 的企业纳税人选择互联网申报,部分省份超过 90%。政府积极利用社会大数据资源,提高科学决策和服务水平。中国国家统计局与多家企业紧密合作,利用大数据完善统计工作。一些部门和地方政府利用百度中小企业景气指数、阿里经济云图等数据资源,综合开展经济运行大数据分析和决策。

互联网有效保障公众知情权、表达权、监督权和参与权。中国政府十分重视互联网的通达社情民意、开展舆论监督与参政议政等作用,依法保护公民在互联网上交流思想、表达意愿的权利。绝大多数重点网站都开辟了言论表达平台,论坛、博客、微博、微信等信息内容平台数量之多、规模之大居世界各国前列,互联网成为广大网民表达思想观点和利益诉求的重要渠道。网民来自老百姓,老百姓上了网,民意也就上了网。各级党政领导干部通过互联网了解群众所思所愿,收集好想法好建议,积极回应网民关切、解疑释惑,解决网民反映的问题。目前,各级政府部门在制订出台关系国计民生、社会关注度高的重大政策、法规、措施前,都注重通过互联网征求意见建议。2013 年 4 月,中央纪委、国家互联网信息办公室等部门组织主要新闻网站和重点商业网站在首页开辟"网络举报监督专区",支持鼓励网民监督举报违法违规行为,引发社会强烈反响,取得积极成效,成为全面从严治党的创新亮点。

政务新媒体开辟了便民服务新空间。中国政府积极顺应移动互联网与新媒体发展形势,将微博客、微信、移动客户端等作为联系群众、服务群众的重要渠道,积极推动政务新媒体快速发展。2011 年 10 月,国家互联网信息办公室召开积极运用微博客服务社会经验交流会,要求充分发挥微博客服务社会的重要作用。2015 年 2 月,国家互联网信息办公室召开政务新媒体建设发展经验交流会,大力推动各地党政机关、企事业单位和人民团体运用即时通信工具开展政务信息工作。截至 2014 年末,中国政务微博账号达 27.7 万个、政务微信公众号超过 10 万个(见图 36)。

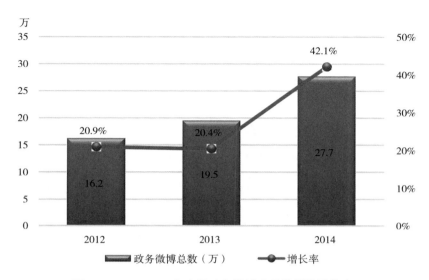

图36 2012—2014年中国政务微博账号数量及增长率

数据来源:新华网舆情监测分析中心

(二)互联网推进优质教育资源社会共享

"三通两平台"快速推进,支撑教育改革与发展。2000年,教育部开始在中小学实施"校校通"工程,2003年全国农村中小学现代远程教育工程开始实施。2010年,国务院发布了《国家中长期教育改革和发展规划纲要(2010—2020年)》,将发展教育信息化提升到国家战略高度。"三通两平台"(宽带网络校校通、优质资源班班通、网络学习空间人人通,以及教育资源公共服务平台、教育管理公共服务平台)快速推进。学校网络教育环境大幅改善,中小学互联网接入比例达83%,拥有多媒体教室的学校达73%。2012年末,国家教育资源公共服务平台上线运行,实现与 18 个省级平台互联互通和资源共享,初步形成了国家教育资源云服务体系。优质数字教育资源共建共享步伐加快,截至 2014 年末,"一师一优课、一课一名师"活动分享课程 300 多万堂,超过 1/3 的中小学校实现全部班级应用数字资源开展教学,基本实现优质教育资源"课堂用、普遍用、经常用"。开通网络学习空间的师生数量达到 4000 多万人,混合学习、翻转课堂、协作学习等新型教学模式广泛应用。全国中小学生学籍系统已基本实现对全国 1.77 亿中小学生的电子学籍统一管理。

在线教育创新活跃,开放大学建设行动起步。中国在线教育市场近年来发展迅速,创新创业十分活跃。有数据显示,2014 年在线教育用户规模约为 7800 万人,直播成为最受欢迎的在线教育形式。顺应世界范围内大规模在线开放课程(慕课,MOOC)发展新趋势,中国教育部出台了《关于加强高等学校在线开放课程建设应用与管理的意见》,推动中国大规模在线开放课程建设走上"高校主体、政府支持、社会参与"的良性发展道路。北京大学、清华大学等中国高水平大学自主建设开通慕课平台,开设慕课课程逾 500 门次,选课人数近 300 万。中国多所著名高校已成为具有代表性的国际平台 edX、Coursera 的成员。同时,企业主导建设的慕课平台也不断涌现,成为开拓互联网教育的重要力量,千龙网、新浪网、搜狐网、网易网、TOM 网、中华网等 11 家网站举办"网上大讲堂"活动,以网络视频授课、文字实录以及与网民互动交流等方式,传播科学文化知识,共举办 330 多期讲座,累计点击量突破 1 亿人次。

(三)互联网推动医疗健康服务精准化、个性化

互联网助推公共卫生疾病监测体系完善,疾病预防控制取得显著进展。2003 年,中国"非典"疫情爆发后,医疗卫生主管部门建立了依托互联网的中国疾病预防控制信息系统(网络直报系统),覆盖了传染病监测、突发公共卫生事件报告等主要疾病预防控制业务领域,以及 98% 的县级以上医疗卫生机构和 91% 的乡镇卫生院。该系统实现了应急信息的准确监测与及时报告,在应对"5·12"汶川大地震疫情监测、手足口病疫情、舟曲泥石流救灾防病、云南鲁甸地震救灾防病的信息保障工作中发挥了巨大作用,为防控决策、快速响应提供了重要信息支撑。

互联网医疗推动优质医疗资源共享,改善医疗服务。专业医疗机构与互联网企业积极探索互联网医疗的创新应用,优化传统诊疗方式,推动优质医疗资源共享,实现便民、惠民的医疗服务。四川大学华西医院于 2001 年建立远程医学网络,入网的远程医院已超过百家,为边远地区的数千例疑难危重病人提供了远程会诊咨询服务;在西部各省市开展累计数千小时的远程继续医学教育,培训人员达数十万人。

互联网医疗服务蓬勃兴起,推动以医院为中心的医疗救治模式向以百姓为中心的健康服务模式转变。打通线上与线下,

互联网医疗更为便捷高效地满足了用户求医问诊、预约挂号、健康指导、医药知识等医疗健康需求，改善就医体验，数字健康APP 市场方兴未艾。各类便携式医疗智能终端、可穿戴设备让移动医疗更加贴近人们的生活，一个由可穿戴设备、传感器技术、近距离无线通信和云计算、大数据分析组成的新兴生态系统正在形成，进一步增强了人们的健康意识，为老百姓提供更加方便、及时、准确、个性化的医疗健康服务。

（四）互联网促进人的均衡发展

互联网使得不同社会群体共享发展成果。中国拥有全球数量最多的互联网用户，不同性别、不同年龄、不同学历、不同职业、不同收入的社会群体形成了丰富多元的网民结构。无论年龄长幼、学历高低、收入多少，也无论行业差别、岗位区别，越来越多的人能够享受到互联网对工作、生活、学习带来的便利，通过互联网实现自身更好的发展。随着互联网的持续普及，中国网民年龄结构呈现成熟化趋势，40 岁及以上的中老年网民占比基本呈现稳定上升趋势，从 2007 年的 12.8%上升到 2015 年的22.3%（见图 37）。2015 年，中国网民高中以上学历达到 48.8%（见图 38）。中国网民使用 Wi-Fi、3G、4G 网络等多种方式接入互联网的时长明显加长，移动互联网的丰富应用，也使得手机网民逐渐从碎片化、相对简单的应用向时长较长、黏性较大的社交、生活服务类应用转化（见图 39）。互联网越来越成为人们日常工作、生活、学习中必不可少的组成部分,网民对互联网的依赖程度越来越高。53.1%的网民认为自身依赖互联网,其中非常依赖互联网的网民比例达12.5%。

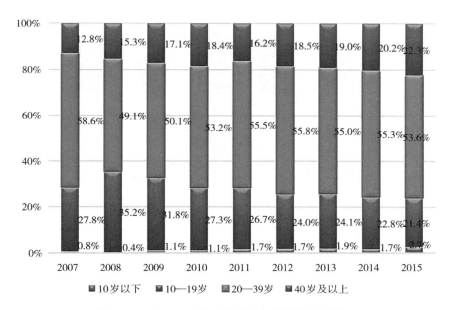

图37　2007—2015年中国网民年龄结构变动情况

数据来源:CNNIC

网民群体间数字鸿沟明显缩小。20年来,互联网持续向农村地区、高年龄段人群渗透,特别是向农村地区渗透。在城镇化进程加速、农村人口规模逐步减少的大背景下,中国农村人口的互联网普及率仍保持快速增长,为缩小城乡差距提供了重要帮助。截至2015年12月,中国不同性别群体之间的互联网接入鸿沟已经基本消失,二者互联网普及率的比值降至1.10;受教育程度差异下降最为明显,普及率比值从2002年的26.3降至

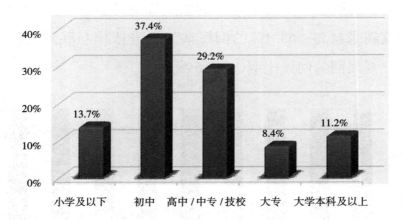

图 38　2015 年中国网民学历结构

数据来源：CNNIC

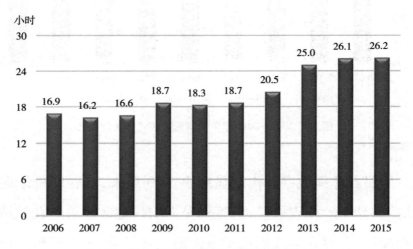

图 39　2006—2015 年中国网民每周上网时长

数据来源：CNNIC

2014 年的 2.1（见图 40）。区域间互联网普及差异呈现稳定下降趋势,通过变异系数①分析可以看到,2015 年 12 月,中国各地方互联网普及率差异降低至 0.22(见图 41)。

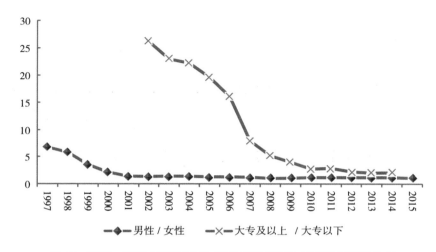

图 40　1997—2015 年不同性别、受教育程度群体间互联网普及差异

数据来源:CNNIC

信息无障碍事业取得积极进展。2008 年修订的《残疾人保障法》首次将信息无障碍建设纳入法律条款。2012 年,中国政府颁布《无障碍环境建设条例》,要求县级以上人民政府采取措施推进信息交流无障碍建设。2005 年以来,中国残疾人联合会、中国残疾人福利基金会、中国互联网协会等单位发起组织了"十万盲人学电脑公益活动",并组织国内近百家大型媒体网站成立了中国信息无障碍联盟,开展了"网站信息无障碍行动"、"美丽中国—中国政务信息无障碍公益行动"等活动,信息无障

---

① 变异系数,是一组数据的标准差与其平均值的比,反映该组数据变异程度的大小。省互联网普及率的变异系数越大,说明互联网普及率的地区差异越大。

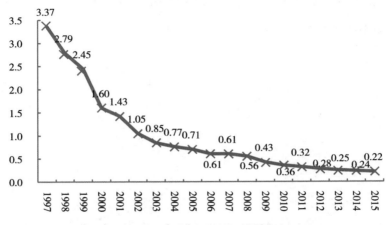

图 41　1997—2015 年互联网普及率的省间差异（变异系数）

数据来源：CNNIC

碍理念得到有效推广和社会认可。2008 年，工业和信息化部颁布了《信息无障碍　身体机能差异人群网站设计无障碍技术要求》，这是中国颁布的第一个信息无障碍的行业技术标准。百度、阿里巴巴、腾讯等多家互联网企业加大了相关技术研发和产品推广，联合成立"中国信息无障碍产品联盟"，大力发展信息无障碍技术，不断推出受残疾人欢迎的各种辅助软件和新型产品。

六、健康向上的网络文化繁荣发展

中国大力发展健康向上的网络文化,培育和践行社会主义核心价值观,激发正能量、弘扬主旋律,网络文化欣欣向荣,网上主流舆论积极健康,网络文化产业逐步壮大,网络文化建设骨干力量初步形成,网络文化的吸引力、影响力进一步增强,极大丰富了人民群众精神文化生活。

(一)中国高度重视发展网络文化

网络文化是社会主义文化建设的重要内容,社会主义文化的发展繁荣离不开网络文化的发展繁荣。1999年2月,全国对外宣传工作会议指出,世界各国争相运用现代化信息技术加强和改进对外传播手段,中国必须适应这一趋势,加强信息传播手段的更新和改造,积极掌握和运用现代传播手段。

2007年6月,全国网络文化建设和管理工作会议强调,要努力把互联网建设成为传播社会主义先进文化的新途径、公共文化服务的新平台、人们健康精神文化生活的新空间、对外宣传的新渠道,走出一条中国特色网络文化发展之路。

2011年10月,党的十七届六中全会通过了《关于深化文化

体制改革 推动社会主义文化大发展大繁荣若干重大问题的决定》,提出"发展健康向上的网络文化"战略任务,要求认真贯彻落实积极利用、科学发展、依法管理、确保安全的方针,加强和改进网络文化建设和管理。

2014 年 2 月 27 日,中央网络安全和信息化领导小组第一次全体会议指出,要大力繁荣发展网络文化,创新改进网上宣传,运用网络传播规律,弘扬主旋律,激发正能量,大力培育和践行社会主义核心价值观,把握好网上舆论引导的时、度、效,使网络空间清朗起来。

2014 年 8 月,中央全面深化改革领导小组第四次会议审议通过《关于推动传统媒体和新兴媒体融合发展的指导意见》,强调要着力打造一批形态多样、手段先进、具有竞争力的新型主流媒体,建成几家拥有强大实力和传播力、公信力、影响力的新型媒体集团,形成立体多样、融合发展的现代传播体系。

2015 年 10 月,党的十八届五中全会提出,要加强网上思想文化阵地建设,实施网络内容建设工程,发展积极向上的网络文化,净化网络环境。推动传统媒体和新兴媒体融合发展,加快媒体数字化建设,打造一批新型主流媒体。优化媒体结构,规范传播秩序。加强国际传播能力建设,创新对外传播、文化交流、文化贸易方式,推动中华文化走出去。

（二）中国特色网络信息传播格局基本形成

网络媒体建设扎实推进。互联网的快速发展对现代传媒带来革命性影响。1997年1月1日，人民日报主办的人民网，成为中国开通的第一家中央重点新闻宣传网站。随后，新华社、中央电视台等中央主要新闻单位陆续开通网站，从事网络新闻信息服务，一批地方新闻网站快速发展，新浪、搜狐、网易等商业门户网站相继成立。1999年4月，中国国内23家有影响的网络媒体共同通过了《中国新闻界网络媒体公约》，推动营造中国网络媒体公平竞争的良好环境。2001年6月，中国举办首届网络媒体论坛，为政府、业界、学界提供了良好的交流合作的平台。十余年来，随着中国互联网规模不断扩大，网络媒体建设不断推进，传播力影响力不断提升。2012年4月，人民网在国内A股成功上市，实现了国内重点新闻网站上市零的突破，标志着我国网络媒体建设进入了新阶段。截至目前，中国已经形成了以重点新闻网站为骨干，主要商业网站、专业垂直网站积极参与的媒体格局。门类齐全、业态丰富、功能互补的网络媒体，成为传播新闻信息、建设网络文化的主阵地。

移动新媒体突飞猛进。移动互联网的迅猛发展引发网络传播与媒体格局深刻变革。截至2015年末，网络新闻用户规模达到5.64亿人，在网民中使用率高达82.0%，其中手机网络新闻用户达到4.82亿人，移动端超过台式电脑成为网民获取新闻信息的第一来源(见图 42)。手机报、手机 WAP 网站、移动客户端、官方微博、微信公众账号等移动新媒体不断推陈出新,规模影响越来越大,微信公众号总数超过 1000 万个。截至 2015 年第一季度,中国网民在安卓、iOS 的 APP 下载量居世界首位,移动社交、移动媒体、移动搜索的网民使用率位居世界前列。2007年 2 月,人民日报面向全国正式发行手机报,成为现代通信技术与新闻传媒融合的代表性事件。在国家互联网信息办公室支持下,手机报"一省一报"模式得到广泛推广。截至 2015 年 6 月,中国"一省一报"用户总数突破 1.4 亿,《人民日报》、新华社、新华炫闻等中央新闻单位移动客户端下载量均超过 4000 万次,腾讯、网易、搜狐、今日头条等商业网站移动客户端下载量均超过 2 亿次。

媒体融合发展取得重要进展。中央主要新闻单位积极顺应互联网传播移动化、社交化、视频化的趋势,着力推动传统媒体和新兴媒体在内容、渠道、平台、经营、管理等方面深度融合。《人民日报》的《中央厨房》、新华社的集成报道、中央电视台的视频终端、中央人民广播电台的云采编平台、新华网的超级编辑部、浙报传媒的媒体矩阵、上海报业的新媒体建设等,成为媒体融合发展的生力军。中国网络电视台(CNTV)和湖南卫视的芒果 TV 在国内视频网站影响力排名中位居前十,代表了传统广播电视媒体与互联网融合取得的突出成果。目前,中国 2000 多家报纸和近万家期刊基本都已建立网站或网页。根据抽样调

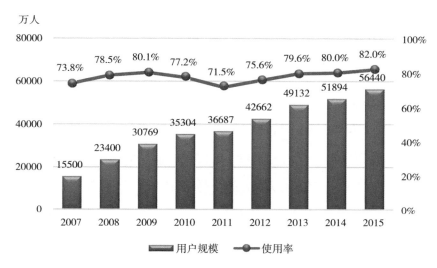

图 42　2007—2015 年中国网络新闻用户规模和使用率

数据来源：CNNIC

查,截至 2015 年 5 月,传统媒体微信、微博、客户端的开通率分别达到 96.36%、95% 和 60%,初步完成传统媒体"两微一端"媒体融合布局。

(三)互联网传播力影响力明显提升

网络传播能力和舆论引导水平不断增强。互联网的迅猛发展,特别是新技术新应用的不断涌现,极大增强了网络媒体的传播能力,在报道重大事件、服务国家大局、满足网民多样化信息需求等方面发挥着越来越重要作用。在社会民生热点问题、重大自然灾害和突发公共事件中,政府部门充分利用网络媒体信息发布快、传播广、影响大的优势,第一时间发布权威信息,第一时间解读政策措施,及时回应社会关切,解疑释惑、澄清谣言、疏导情绪。2007 年 12 月 18 日,国际奥委会与中国中央电视台共同签署了"2008 年北京奥运会中国地区互联网和移动平台传播权"协议,这是奥运史上首次将互联网、手机等新媒体作为独立转播平台列入奥运会的转播体系。在四川"5·12"抗震救灾报道中,截至 2008 年 5 月 23 日,人民网、新华网、中国新闻网、中央电视台网等主流媒体发布抗震救灾新闻(含图片、文字、音视频)约 12.3 万条,新浪网、搜狐网、网易网、腾讯网整合发布新闻 13.3 万条。上述 8 家网站新闻点击量达到 116 亿次,跟帖量达 1063 万条,互联网在新闻报道、寻亲、救助、捐款等抗震救灾过程中发挥了重要作用,网络媒体发展进入一个新阶段。2015 年 9 月 3 日,北京举行纪念中国人民抗日战争暨世界反法西斯战争胜利 70 周年大阅兵活动,全球 10 亿人同时在线浏览、收看纪念大会和阅兵式,网上相关报道超过 2000 万篇次,点击量超过 8 亿次,跟帖评论约 1 亿条,新浪微博阅兵话题总阅读量达 51 亿次,讨论量 856 万条,微信消息讨论量超过 18 亿条,涉阅兵视频点击量超 3 亿次。

互联网积极传播中国声音。网络媒体已经成为讲述中国故事、传播中国声音的重要窗口和渠道。人民网、新华网、CNTV、中国网、中国日报网、国际在线网站实现了以多种语言文字向全球发布新闻信息和视听节目,并积极推出多语言版本的客户端服务。人民日报社、新华社、中央电视台、中国日报社等机构积极在脸谱（Facebook）、推特（Twitter）、优兔（Youtube）、连我（LINE）、VK（俄罗斯）等境外社交平台上开通账号，粉丝总量超过5800万，覆盖200多个国家和地区超过13亿海外用户，不断开阔视野、拓宽思路、多点互动，探索在海外建站设点，进一步提升传播能力，向世界传播中国优秀文化成果，促进世界范围内不同文化间的交流互鉴。

（四）网络文化产业和文化事业蓬勃发展

网络文化产业快速发展。网络文化产业全面繁荣，网络视频、网络音乐、网络文学、网络游戏等产业迅速崛起，中国文化产业总体实力大大增强。截至2015年末，中国网络视频用户规模为5.04亿人（见图43），网络音乐用户规模为5.01亿人（见图44），网络文学用户规模为2.97亿人（见图45），网络游戏用户规模为3.91亿人（见图46）。"十二五"时期，中国网络文化产业规模超过1500亿元，其中网络游戏市场规模达1108亿元、网络视频市场规模达240亿元、网络文学市场规模达88亿元、网络音乐市场规模达98亿元。网络文化消费同时还催生了一批新型业态。

网络文化供给日益丰富。加强网络内容建设，发挥全国文化信息资源共享、中国数字图书馆、国家知识资源数据库等重点项目的示范带动作用，推进网上图书馆、网上博物馆、网上展览馆等建设，有力推动了优秀传统文化瑰宝和当代文化精品网络

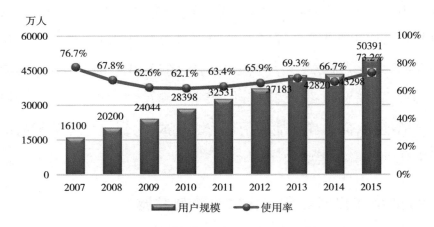

图 43　2007—2015 年中国网络视频用户规模和使用率

数据来源：CNNIC

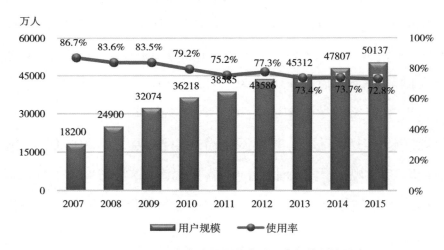

图 44　2007—2015 年中国网络音乐用户规模和使用率

数据来源：CNNIC

传播。据统计,全国已经建成上万个文化信息资源共享中心和服务点。2011 年,国家数字图书馆工程进一步实施推广,建成

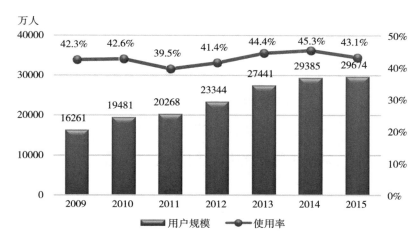

图 45　2009—2015 年中国网络文学用户规模和使用率

数据来源：CNNIC

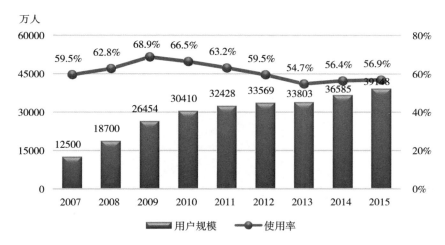

图 46　2007—2015 年中国网络游戏用户规模和使用率

数据来源：CNNIC

一批面向基层、面向农村的网络文化服务中心和多功能文化活动场所。

网络文化活动丰富多彩。围绕爱心互助、志愿服务、环保公益、文化交流等主题,网络媒体广泛开展了"我的中国梦"网络征文、"爱传百城——寻找身边的感动"、"青春励志故事"、"最美中国"全国大学生摄影及微电影创作大赛等一系列网络文化活动,得到网民积极响应和踊跃参与,生产创作了一大批格调健康、积极向上、激发正能量的优秀网络文化作品。

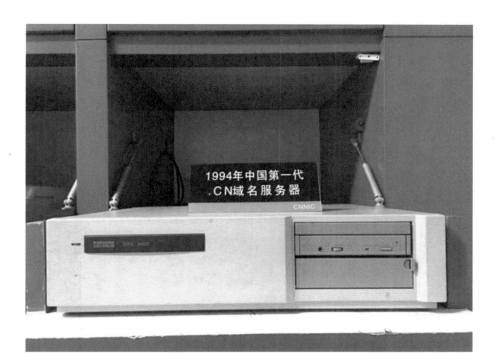

1994 年 5 月,中国第一台.CN 域名服务器在中国科学院计算机网络信息中心完成设置

(图片来源:CNNIC)

1994 年 7 月 19 日,中国联合通信有限公司在京成立

(图片来源:CNNIC)

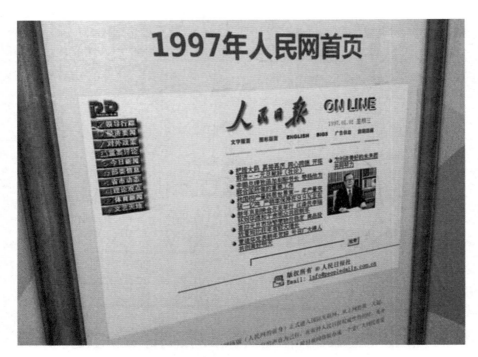

1997 年 1 月 1 日,中国第一家中央重点新闻网站人民网开通

（图片来源：CNNIC）

1998 年 11 月,腾讯成立,腾讯创始人团队合影

（图片来源：腾讯公司）

2000 年 4 月 13 日,新浪在纳斯达克正式挂牌交易

(图片来源:CNNIC)

2000 年 7 月 12 日,搜狐在纳斯达克正式挂牌交易

(图片来源:搜狐公司)

2001 年 6 月 22 日,首届中国网络媒体论坛在青岛召开

（图片来源:新华社）

2004 年 11 月 29 日,新浪、搜狐、网易发起中国无线互联网诚信自律同盟

（图片来源:中国互联网协会）

　　2004 年 12 月 25 日,下一代互联网示范工程(CNGI)核心网 CERNET2 主干网正式开通,图为开通十周年庆祝大会现场

(图片来源:搜狐网)

2005 年 8 月 5 日,百度公司在美国纳斯达克挂牌上市

(图片来源:百度公司)

2006 年 1 月 1 日,中华人民共和国中央人民政府门户网站(www.gov.cn)正式开通
(图片来源:新华社)

2006 年 7 月,西藏拉萨市实现村村通电话,拉萨市尼木县牧民在自家帐篷前打电话
(图片来源:新华社)

2006 年 12 月 18 日，中国电信、中国网通、中国联通、中华电信、韩国电信和美国 Verizon 公司宣布共同建设跨太平洋直达光缆系统

（图片来源：嘉兴在线）

2007 年 12 月 18 日，国际奥委会与中国中央电视台在京共同签署"2008 年北京奥运会中国地区互联网和移动平台传播权"协议

（图片来源：央视网）

2007 年 12 月,福建省武夷山市武夷街道角亭村村民在村信息站查看中国武夷山政府网站

（图片来源:新华社）

2010 年 11 月 7 日,IETF 会议首次在中国北京举行

（图片来源:中国互联网协会）

2012 年 1 月 18 日,TD-LTE 正式成为国际电信联盟第四代移动通信国际标准

（图片来源:大唐电信网站）

2013 年 5 月,美丽中国——中国政务信息无障碍公益行动在京启动

（图片来源:中国互联网协会）

　　2013 年 11 月 19 日,国家统计局与百度、阿里巴巴等 11 家企业签订《大数据战略合作框架协议》

（图片来源:国家统计局网站）

2014 年 5 月 22 日,京东在纳斯达克挂牌上市

（图片来源:京东公司）

2014 年 7 月,中文新通用顶级域名".公司"、".网络"正式开放

(图片来源:CNNIC)

2014 年 9 月 19 日,阿里巴巴在纽约交易所上市,创下了美国市场有史以来规模最大的 IPO 交易

(图片来源:阿里巴巴公司)

2015 年 11 月 11 日,阿里巴巴"双十一"购物狂欢节交易额达到 912.17 亿元

(图片来源:阿里巴巴公司)

2015 年 9 月 3 日,全球 10 亿人同时在线浏览、收看中国人民抗日战争暨世界反法西斯战争胜利 70 周年纪念大会和阅兵式

(图片来源:新华网)

七、网络安全保障能力持续提升

没有网络安全就没有国家安全。网络安全是整体的而不是割裂的，是动态的而不是静态的，是开放的而不是封闭的，是相对的而不是绝对的，是共同的而不是孤立的。中国坚持以安全保发展、以发展促安全，在推动互联网发展的同时加强网络安全保障能力建设，初步建立了网络安全保障体系，网络防护能力逐步提升，网络安全技术产业体系基本形成，有力保障了网络基础设施安全运行，让广大人民群众更加安全放心地使用互联网。

（一）网络安全制度体系日益健全

网络安全上升为国家安全的重要内容，顶层设计日臻完善。中国高度重视保障和维护网络安全，大力推进信息安全等级保护、网络信任体系、监测监管体系、技术标准体系建设，健全完善网络安全相关制度，指导党政机关、行业组织、企业加强网络安全防护工作，加快构建网络安全防护体系。2002 年 7 月，在国家信息化领导小组领导下，国家网络与信息安全协调小组成立，综合协调跨部门的网络与信息安全工作。2008 年 3 月，根据国务院机构改革方案，原国务院信息化工作办公室整体并入新成立的工业和信息化部,承担协调维护国家信息安全和国家信息安全保障体系建设的职责。2014 年 2 月 27 日,中央成立网络安全和信息化领导小组,进一步加强了对国家网络安全工作的集中统一领导和统筹协调。2014 年 4 月,中央国家安全委员会正式成立,信息安全成为国家总体安全体系的重要组成部分。

相继制定出台一系列政策性文件,加强网络信息安全保护。2003 年,《国家信息化领导小组关于加强信息安全保障工作的意见》印发,首次为网络安全工作确立了基本纲领和大政方针,提出了加强网络安全保障的指导思想和主要任务。2005 年 4 月,国家密码管理局出台《电子认证服务密码管理办法》。2007 年 6 月,公安部、国家保密局、国家密码管理局、国务院信息化工作办公室联合印发《信息安全等级保护管理办法》,要求制定统一的管理规范和技术标准,对信息系统分等级实行安全保护。各类基础信息网络和重要信息系统按照《信息系统安全等级保护定级指南》《信息系统安全等级保护基本要求》等标准要求,加大了网络安全防护体系建设,提升了网络安全保障能力。2012 年,国务院《关于大力推进信息化发展和切实保障信息安全的若干意见》指出,坚持积极利用、科学发展、依法管理、确保安全,加强统筹协调和顶层设计,健全信息安全保障体系,切实增强信息安全保障能力,对维护国家信息安全作出了部署。2014 年 5 月,中央网信办印发了《关于加强党政机关网站安全管理的通知》,要求全面提升党政机关网站安全保障能力和管理水平,确保党政机关网站安全运行、健康发展。2014年8月,工业和信息化部发布《关于加强电信和互联网行业网络安全工作的指导意见》,要求从网络基础设施安全防护、突发网络安全事件应急响应、安全可控关键软硬件应用、网络数据和用户个人信息保护、移动应用商店和应用程序安全管理等方面加强网络安全监管。2014年12月,中央网信办印发《关于加强党政部门云计算服务网络安全管理的意见》,提出了党政部门云计算服务网络安全管理的基本要求,提出统一组织党政部门云计算服务网络安全审查。

各地、各行业纷纷建立维护网络信息安全工作机制和相关制度。各级政府加大投入,完善制度,建立健全应急保障机制和国家通报机制,逐步推进灾备中心建设,推进综合防控、主动防范工作。各行业加强与信息安全机构的沟通合作,借助专业机构的安全防护能力与处置经验,全面提升自身安全保障能力和综合防护水平。

(二)网络安全技术产业体系初步建立

网络安全产业稳步发展。自20世纪90年代出现了一批自主杀毒软件品牌以来,中国网络安全产业实现了从无到有、从小到大的发展,产业结构逐渐齐全,产业集聚效应开始显现,为互联网健康发展发挥了重要作用。国家发展改革委"信息安全专项"、科技部"国家科技支撑计划"、工业和信息化部"电子信息产业发展基金项目"、国资委在央企上缴红利中设立的信息安全专项资金,有力推进了网络安全产业化。上海、四川、湖北三大信息安全成果产业化基地先后建立,带动一大批地方信息安全产业基地投入运营,信息安全应用示范工程培养了一批国内领先、国际知名的企业和企业集团。目前,中国自主研发的网络安全产品涵盖了物理安全、通信安全、数据安全、应用安全、安全管理平台以及新技术新应用安全等领域,形成了从安全芯片、网络与边界安全产品、数据安全产品、应用安全产品到安全服务较为完善的信息安全产业链。中国网络安全市场整体国产化率从 2009 年的 53.7% 增长到 2013 年的 57%,其中硬件产品国产化率从 2009 年的 59.8% 增长到 68.4%(见图 47)。

　　网络安全产业规模迅速扩大,2012 年至 2014 年,网络安全产业规模从约 300 亿元增长到 700 亿元以上,年均增长率超过 40%。个人电脑的安全市场由国产安全品牌所主导,免费安全软件已经覆盖了 99% 以上的国内电脑用户。在企业安全领域,涌现了启明星辰、天融信、绿盟科技、卫士通、蓝盾股份、星网锐捷、泰豪科技等一大批国内知名的网络安全上市企业。安全服务企业全力加强云计算、大数据模式下的信息安全服务能力建设,各类新的安全服务模式、技术层出不穷,网络安全即服务的趋势越发显现。知名互联网企业纷纷进军网络安全产业,投入巨资进行研发,为网络安全产业注入新的力量。2014 年,中国网络安全产业以硬件为主,硬件、软件和服务占比分别为

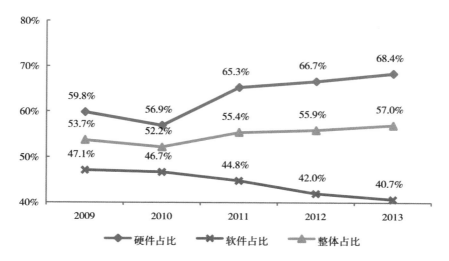

图 47　2009—2013 年中国网络安全市场国产化率

数据来源:赛迪智库

53.1%、38.5%和 8.4%(见图 48)。

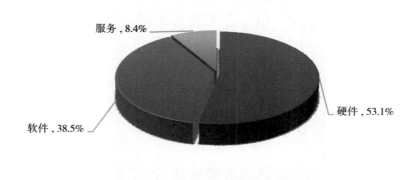

图 48　2014 年中国网络安全产业结构

数据来源:赛迪智库

网络安全技术研发与标准化进程取得重要成果。中国加强新技术研究和安全标准制定,研发和部署一系列安全产品和系统平台,攻克了一批信息安全重大技术难题。自主研发了加密强度与国际主流密码算法相当的祖冲之密码算法,安全可靠基础软硬件联合攻关取得重大进展,自主安全操作系统等已从"基本可用"迈向"可用",国产数据库在国家机关和重要领域广泛应用,基于国产基础软硬件的国产整机在部分党政机关得到试用,工业控制系统的安全防护系统产业化取得积极进展。中国信息安全标准制定工作,经历了以跟踪和采用国际标准为主到采用国际标准与自主研制并重的发展历程。2002 年,全国信息安全标准化技术委员会成立。截至 2015 年年末,正式发布国家标准 165 项。其中,2010 年 8 月,中国提出的虎符 TePA 获国际标准化组织正式批准,成为在网络安全基础共性技术领域获得通过的第一个国际标准。2014 年 9 月发布的《云计算服务安全指南》和《云计算服务安全能力要求》,成为政府部门云计算服务安全审查的基础规范,为云服务商建设和提供服务作出指导。

(三)网络安全防护能力显著增强

个人用户上网安全得到有效保障,网站安全防护能力明显增强。在互联网发展初期,个人用户的互联网安全问题较为突出,主要集中在木马病毒对个人电脑的频繁攻击。在 1998 年 CIH 病毒爆发之后的十年左右时间里,国内先后出现了数十种感染量过百万级的超级病毒。2003 年 8 月 11 日,"冲击波"（WORM_MSBlast.A）电脑蠕虫病毒短短几天内影响到全国绝大部分地区的用户,成为病毒史上影响最广泛的病毒之一。2006 年年底,名为"熊猫烧香"的病毒爆发,数百万台计算机遭到感染和破坏。2007 年起,随着 360 安全卫士等第三方打补丁工具和免费安全软件的快速普及,特别是云查杀等国内企业网络安全技术创新,有效遏制了木马病毒的传播。2013 年微软公司报告显示,中国恶意软件感染率仅为 0.6%,远远低于 7.0% 的世界平均水平。奇虎 360、搜狗、腾讯等中国企业针对钓鱼网站、垃圾信息等日渐突出的安全问题以及伴生的垃圾短信、骚扰电话等问题,研发了具有防挂马、反钓鱼功能的安全浏览器,并通过与用户互动协作,推出对骚扰电话号码进行标记、识别和拦截的手机安全软件,比较有效地遏制了此类安全问题所造成的社会危害。针对普通网民的大规模安全事件,最近 5 年以来已经大幅减少。网站一直是网络攻击的重要目标,安全漏洞是网站普遍存在的风险。近年来,以盗取网站用户信息为目标的黑客活动日益猖獗,造成大量用户信息泄露,并被用于各类网络诈骗和电信诈骗等不法活动。对此,国家漏洞库、主要互联网企业的应急处理中心以及以乌云和补天为代表的第三方漏洞征集平台积极开展合作,以弥补安全漏洞、防范多种形式安全威胁为主的网站安全防护能力逐步增强,大大减少了安全漏洞被恶意利用的风险。国内安全厂商也开始为中小网站提供安全监测和安全防护的商业化服务,有效地缓解了流量攻击等其他形式的安全威胁。

在国家基础设施和工业控制等重要信息系统领域,技术防护能力不断提升。针对企业和政府的高级持续性威胁(APT)攻击,以及因 DNS 服务器遭攻击致使网络异常的公众安全事件层出不穷,针对工业控制系统的网络攻击屡见不鲜,受到越来越多的关注。中国加强了以密码技术为基础的信息保护和网络信任体系建设,提高网络基础设施和业务系统安全防护水平,增强网络安全技术能力,强化网络数据和用户信息保护,推进安全可控关键软硬件应用。在工业和信息化部、国务院国资委的大力推动下,重点行业加快部署工业控制系统信息安全隐患排查工作,以及重点行业国有企业的工控信息安全隐患排查工作。电力、交通、金融、烟草、石油石化等行业发布安全规范,推进专项工作,推广安全防范成功经验,持续推进信息安全风险评估工作行动要求,降低工控风险。

开展专项整治行动,维护互联网安全有序运行。2013 年以来,工业和信息化部、公安部、工商总局联合开展打击移动互联网恶意程序、防范治理黑客地下产业链等专项行动,有效处置了"××神器"病毒大规模传播事件,协调处置移动恶意程序控制服务器和传播源链接 1.01 万个,依法关停应用商店 283 个。境内木马僵尸网络控制服务器和感染主机治理工作成效明显,一大批僵尸网络被关闭,感染木马僵尸网络的主机明显下降。2014

年 2 月,中央网信办统筹协调,公安部牵头,中央宣传部、最高法、最高检、工业和信息化部、安全部、工商总局、质检总局等 9 部门在全国范围内部署开展打击"伪基站"整治专项行动,截至 2014 年 4 月,公安部依法捣毁"伪基站"设备生产窝点 32 个,缴获"伪基站"设备 2800 余套,破获诈骗、非法经营等各类刑事案件 3767 起。2015 年 1 月,工业和信息化部、公安部、工商总局联合印发《电话"黑卡"治理专项行动工作方案》,在全国范围联合开展电话"黑卡"治理专项行动,重拳整治"黑卡"。

网络安全领域一批国家级专业机构相继建成,有效提升了网络安全监测和应急处置能力。中国先后建立了多个网络安全专业机构。1996 年,国家计算机病毒应急处理中心成立,调动国内防病毒力量,快速发现、处置计算机病毒疫情与网络攻击,为国家制定计算机病毒防治政策、法规和标准提供了重要技术支持。1997 年,中国信息安全测评中心成立,开展信息技术产品、系统的安全漏洞分析与信息通报,为党政机关信息网络、重要信息系统提供安全风险评估,取得了显著成效。2002 年,国家计算机网络应急技术处理协调中心(CNCERT/CC)成立,在全国 31 个省(自治区、直辖市)建立分中心,开展互联网网络安全事件的预防、发现、预警和协调处置工作,组织和参与了多项网络安全专项行动。CNCERT/CC 建立了较稳定的网络安全信息通报工作体系,截至目前,已有超过 580 家成员单位。CNCERT/CC 还联合行业组织、相关企业、民间人士等社会各方力量,组建国家信息安全漏洞共享平台,承担中国反网络病毒联盟运营管理工作,积极开展国际交流与安全事件协调处置。2003 年,国家网络与信息安全信息通报中心成立,作为国家级网络和信息安全信息通报出口,对全国网络信息安全方面的信息进行报告和通报,现有信息通报机制技术支持单位超过 50 家。2005 年,国家信息技术安全研究中心成立,主要承担信息技术产品和系统的安全性分析与研究、国家基础信息网络和重要信息系统的信息安全保障任务。

目前,中国具备了网络有害信息甄别、突发事件早期发现等信息内容监管技术能力,网络安全事件应急响应与协同处置、信息系统纵深防护等网络空间整体对抗技术能力,政府部门网络集中接入、网络身份认证管理等信息资源保障技术能力,云计算、物联网等新技术新应用安全支撑技术能力,形成了比较健全的网络安全防护能力体系。

(四)学科建设不断加强、网络安全意识明显提高

网络安全学科建设取得重大进展。2005 年起,教育部就加强信息安全学科和专业建设,提升人才教育培训水平进行了大量工作部署。截至 2014 年年末,教育部批准全国共 116 所高校设置信息安全类相关本科专业,其中信息安全专业 87 个,信息对抗专业 17 个,保密管理专业 12 个,每年培养的信息安全类专业本科毕业生约 1 万人。2015 年 6 月,国务院学位委员会、教

育部联合印发《关于增设网络空间安全一级学科的通知》,标志着网络空间安全正式设立为一级学科。

全社会网络安全意识明显提高。中国积极开展有利于普及互联网知识和正确使用互联网的公益活动。2014 年 11 月,中央网信办会同中央编办等 8 个部门联合举办"首届国家网络安全宣传周"活动,在"共建网络安全,共享网络文明"主题下,通过七个主题宣传日、网络安全公众体验展、公益短片展映、网络安全专家 30 谈、网络安全知识竞赛、网络安全大讲堂、网络安全知识进万家等多种活动,开展网络安全意识教育,推动形成共建网络安全、共享网络文明的良好环境。活动强调,网络信息人人共享、网络安全人人有责,维护网络安全就是维护每个网民、每个公民自身的安全。要大力宣传互联网建设管理的政策法规,宣传上网用网行为规范,引导人们增强法治意识,做到依法办网、依法上网。要大力普及网络安全常识,帮助人们掌握维护网络安全的技能和方法,提升抵御和防范网上有害信息的能力。要大力倡导积极健康向上的网络文化,弘扬社会主义核心价值观,增强网民的道德自律,让网络更多地发出好声音、传播正能量,使网络空间真正清朗起来。2015 年 6 月 1 日,"第二届国家网络安全宣传周"举办,积极引导未成年人自觉做有高度安全意识、有文明网络素养、有守法行为习惯、有必备防护技能的"中国好网民"。相关省区市积极参与并配合开展多项主题宣传和教育活动。北京市政府将每年 4 月 29 日设为"首都网络安全日",以"网络安全同担　网络生活共享"为主题,举办系列活动,提高首都各界群众和网民网络安全意识,增强了市民网络安全责任。上海市连续举办四届"信息安全活动周",加快推进全民网络安全意识教育。各行业不断加强信息安全人才队伍建设,改善企业信息安全防护和管理水平,广泛开展网络安全知识宣传、安全意识及技能培训,普遍提高企业安全意识和防范能力。

八、网络空间法治化加速推进

伴随互联网快速发展,中国坚持依法治网、依法办网、依法上网,加快网络空间法治建设,加强网络立法,严格网络执法,引导全网守法,用法治规范网络空间行为,提高全社会法治意识,为互联网健康发展和有序运行提供坚实的法治保障。

(一)互联网法律法规不断健全

中国始终坚持依法治网。围绕解决互联网发展面临的突出问题,营造互联网基础性法治环境,中国相继出台了一系列与互联网相关的法律法规,涉及互联网基础资源管理、信息传播规范、市场秩序规范、信息安全保障等多个方面,对互联网接入服务提供者、互联网信息服务提供者、政府管理部门及互联网用户等行为主体的责任与义务作出规定,为互联网发展与治理提供了重要的法律依据。

互联网领域立法进程不断加快。为规范电子签名行为,确立电子签名的法律效力,维护有关各方的合法权益,2004 年 8 月,中国颁布《中华人民共和国电子签名法》,这是中国第一部信息化领域的法律,在中国网络法治化进程中具有重要意义。

2000 年 12 月和 2012 年 12 月,全国人民代表大会常务委员会先后出台了《全国人民代表大会常务委员会关于维护互联网安全的决定》《全国人民代表大会常务委员会关于加强网络信息保护的决定》,保障互联网运行安全,维护国家安全和社会公共利益,保护个人、法人和其他组织的合法权益。2015 年 7 月,中国颁布新的《中华人民共和国国家安全法》明确提出,国家建设网络与信息安全保障体系,提升网络与信息安全保护能力,加强网络和信息技术的创新研究和开发应用,实现网络和信息核心技术、关键基础设施和重要领域信息系统及数据的安全可控;加强网络管理,防范、制止和依法惩治网络攻击、网络入侵、网络窃密、散布违法有害信息等网络违法犯罪行为,维护国家网络空间主权、安全和发展利益。

互联网相关行政法规陆续颁布。为保护计算机信息系统安全,促进计算机应用和发展,1994 年 2 月,国务院颁布了《中华人民共和国计算机信息系统安全保护条例》,又分别于 1996 年 2 月、1997 年 12 月相继颁布了《中华人民共和国计算机信息网络国际联网管理暂行规定》《计算机信息网络国际联网安全保护管理办法》,以加强对计算机信息网络国际联网的管理,保障计算机信息交流的健康发展。2000 年 9 月,国务院颁布《中华人民共和国电信条例》《互联网信息服务管理办法》,对电信市场秩序和互联网信息服务活动加以规范,维护电信用户和电信业务经营者合法权益,保障电信网络和信息安全,促进互联网信息服务健康有序发展。为适应电信业对外开放需要,进一步促进电信业发展,2001年12月,国务院颁布了《外商投资电信企业管理规定》。同月,《计算机软件保护条例》颁布,调整计算机软件在开发、传播和使用中发生的利益关系,加强对计算机软件著作权人权益的保护。2002年9月,《互联网上网服务营业场所管理条例》颁布,以加强对互联网上网服务营业场所的管理,规范经营者经营行为。为保护著作权人、表演者、录音录像制作者的信息网络传播权,2001年10月信息网络传播权正式列入修订后的《中华人民共和国著作权法》,2006年5月颁布了《信息网络传播权保护条例》。

部门规章和规范性文件相继出台。国家有关部门根据职责,在互联网新闻信息服务、新闻出版、视听节目、网络游戏、网络文化、网络药品、网络版权、网络交易、电子认证、网络域名、互联网接入、系统安全和保密等领域分别出台了一系列部门规章和规范性文件,对规范和促进互联网发展提供了重要保障。最高人民法院、最高人民检察院先后对审理涉及计算机网络域名民事纠纷案件、办理利用互联网等制作传播淫秽电子信息刑事案件、办理侵犯知识产权案件等有关问题作出司法解释,对规范网络管理、净化网络环境、打击网络违法犯罪发挥了重要作用。

党的十八大以来,互联网领域立法进程明显提速。2012年12月,党的十八大报告强调,要加强网络社会管理,推进网络依法规范有序运行。2014年2月27日,习近平总书记在中央网络安全和信息化领导小组第一次会议上强调,要抓紧制定立法规划,完善互联网信息内容管理、关键信息基础设施保护等法律法规,依法治理网络空间,维护公民合法权益。2014 年 10 月,党的十八届四中全会审议通过的《中共中央关于全面推进依法治国若干重大问题的决定》提出,要加强互联网领域立法,完善网络信息服务、网络安全保护、网络社会管理等方面的法律法规,依法规范网络行为,为全面推进网络空间法治化规划了蓝图。

"十二五"期间,在立法部门的有力推动下,中国互联网立法层级明显提高、立法进程明显提速,共制定出台了一大批互联网相关法律法规和规范性文件。2013 年 9 月,最高人民法院、最高人民检察院先后出台《最高人民法院、最高人民检察院关于办理利用信息网络实施诽谤等刑事案件适用法律若干问题的解释》等司法解释。2015 年 7 月,《网络安全法(草案)》向社会公开征求意见,内容包括维护网络主权和战略规划、保障网络产品和运行安全、保障网络数据和信息安全等。2015 年 11 月,《中华人民共和国刑法修正案(九)》正式实施,对利用信息网络编造传播虚假险情、疫情、灾情、警情信息等网络犯罪行为作出规定。新修订的《中华人民共和国消费者权益保护法》《中华人民共和国食品安全法》《中华人民共和国广告法》等法律对网络销售、网购食品、网络广告等网络服务进行规范。为规范引导互联网新技术新应用,国家互联网信息办公室接连出台《即时通

信工具公众信息服务发展管理暂行规定》《互联网用户账号名
称管理规定》《互联网新闻信息服务单位约谈工作规定》，商务
部、交通运输部、中国人民银行、中国证监会等部门也出台了相
应领域的规范性文件。这些法律法规的制定出台，为网络空间
治理提供了更为充分的法律依据，促进了互联网健康有序发展。

（二）网络空间生态治理规范有序

依法加强互联网基础性管理。中国依法加强对域名、IP 地
址和网站登记备案、接入服务等互联网基础资源管理。2004 年
12 月 20 日，《中国互联网络域名管理办法》正式实施，有效促进
了中国互联网络的健康发展，保障了中国互联网络域名系统安
全、可靠地运行，规范了中国互联网络域名系统管理和域名注册
服务。2005 年 2 月，信息产业部开展全国互联网站集中备案工
作，逐步建立 ICP 备案信息、IP 地址使用信息、域名信息等 3 个
基础数据库。目前，中国网站备案率提升至 99.98%，备案主体
信息准确率达 84.7%。互联网信息服务准入退出机制逐步完
善，相关主管部门依法对"从事新闻、出版、教育、医疗保健、药
品和医疗器械等互联网信息服务"实施事前准入审批、事中日
常监管、事后行政处罚等管理。网络用户真实身份信息认证制
度加快推进，2012 年国家互联网信息办公室按照"后台实名、前
台自愿"原则，开始对互联网信息服务使用者注册账号进行真
实身份信息认证。自 2013 年 9 月 1 日起，工业和信息化部对新

增固定电话、移动电话（含无线上网卡）用户实施真实身份信息登记。截至 2015 年 6 月，微博客累计认证用户身份信息 6.23 亿个。

整治规范网络信息传播秩序。国家互联网信息办公室指导督促网络媒体建立健全信息内容审核发布、违法信息应急处置等管理措施，自觉遵守法律法规、社会主义制度、国家利益、公民合法权益、社会公共秩序、道德风尚、新闻真实性等"七条底线"。2013 年 7 月，国家互联网信息办公室开展整治网络传播"九大乱象"专项行动，刊发虚假新闻信息、恶意篡改标题、转载违规来源稿件等网络传播乱象得到遏制。2014 年 5 月，国家互联网信息办公室、工业和信息化部、公安部部署开展加强移动即时通信工具专项治理，依法关闭一批歪曲党史国史、编造传播谣言等违法违规微信公共账号，移动网络生态得到净化。2014 年 6 月，国家版权局联合国家互联网信息办公室、工业和信息化部、公安部启动第 10 次"剑网 2014"专项行动，持续开展网络侵权盗版专项治理，侦破一批重点网络侵权盗版案件，依法关闭 200 个涉嫌侵权盗版的网站。

坚决打击网络暴恐及网络违法犯罪。中国致力于坚决打击互联网暴恐和违法犯罪行为，组织开展了多项联合整治行动，取得了明显成效。2014 年 6 月，国家互联网信息办公室启动"铲除网上暴恐音视频"专项行动，30 多家重点互联网企业签署网上反恐承诺书，全面清理煽动暴力恐怖、传播宗教极端思想等违法信息,有效斩断网络暴恐传播链条。2015 年 1 月,国家互联网信息办公室、工业和信息化部、公安部、新闻出版广电总局开展"网络敲诈和有偿删帖"专项整治,依法关闭近 300 家违法违规网站、115 万余个违法违规社交网络账号,清理删除 900 余万条违法信息。2012 年以来,全国公安机关针对网上突出犯罪活动,先后组织开展打击网络恐怖、网络诈骗、网络赌博、有组织传播谣言、销售违禁品等 10 余次专项打击行动和清理整治行动,办理案件 30 余万起,关闭违法网站 10 余万个,清理违法信息 3000 余万条。

创建未成年人良好网络环境。未成年人已成为中国网民的最大群体,网络淫秽色情和低俗信息严重危害青少年身心健康,成为社会普遍关注的突出问题。中国高度重视依法保护未成年人上网安全,始终把保护未成年人放在维护互联网信息安全的优先位置。国家互联网信息办公室、工业和信息化部、公安部、新闻出版广电总局、文化部、教育部、工商总局等部门持续在全国联合开展打击互联网和手机媒体淫秽色情、整治互联网低俗之风、整治网络欺凌暴力、"黑网吧"治理、清理整治网络游戏、"净网 2014"等一系列专项行动,共依法关闭查处淫秽色情等各类违法违规网站 2200 余家,关闭违法违规频道和栏目 300 多个,关闭违法违规论坛、博客、微博客、微信、QQ 等各类账号 2000 多万个,组织新闻网站和商业网站自查自纠清理各类违法有害信息逾 10 亿条,网络环境得到持续净化。

经过综合整治,网上造谣传谣、网上暴恐音视频、淫秽色情、网络暴力、网络欺凌、网络诈骗等违法和不良信息得到有效遏制,网络整体环境明显改观。目前,80.1%的网民认为网络舆论环境明显好转,85.6%的网民认为网络正能量信息日渐增加,90.6%的网民对中国网络健康发展充满信心。

(三)网络法治意识和网络素养明显增强

网民依法上网、文明上网意识不断提高。2000 年 12 月 7 日,由文化部、共青团中央、广电总局、全国学联、国家信息化推进办公室、光明日报、中国电信、中国移动等单位共同发起的"网络文明工程"正式启动,向社会倡导文明上网、文明建网、文明网络。中国互联网企业和行业组织不断增强自律意识,相继建立各类公约、契约,成为遵法守法、依法办网的践行者。人民网、新华网等互联网新闻企业通过加强互动版块监测、设置涉低俗语言关键词、开通网上举报平台等方式,引导和鼓励网民依法上网、文明上网。2015 年 6 月,国家互联网信息办公室指导有关网站开展了"2015 中国好网民"流行语和故事征集活动,拉开了培育中国好网民系列活动的序幕,在全社会倡导广大网民争做有高度的安全意识、有文明的网络素养、有守法的行为习惯、有必备的防护技能的中国好网民。

青少年网络素养日益提升。中国政府把互联网法治和道德教育纳入中小学日常教学内容。2001 年 11 月,共青团中央、教育部、文化部、国务院新闻办公室、全国青联、全国学联、全国少工委、中国青少年网络协会向社会正式推出《全国青少年网络文明公约》，全国亿万青少年从此有了自己的网络行为道德规范。同年 12 月，由信息产业部、全国妇联、共青团中央、科技部、文化部主办的"家庭上网工程"正式启动。十余年来，各有关部门坚持不懈在全社会广泛开展"全国中小学生网络安全与道德教育活动""中国未成年人网脉工程"等网络文化活动。国家互联网信息办公室指导、央视网策划制作的《网络大讲堂》，以公开课形式，从网络安全、网络法制、网络道德、网络文化和网络创新等方面，加强对青少年网民的教育引导，有力推动青少年形成良好网络素养。

九、互联网治理体系在探索中逐步完善

互联网无处不在,一个安全、稳定、繁荣的网络空间,对一国乃至世界和平与发展越来越具有重大意义。中国高度重视互联网治理,不断调整完善互联网管理领导体制,推动形成政府引领、多方参与的治理体系,积极倡导共同构建和平、安全、合作的网络空间,推动建立多边、民主、透明的国际互联网治理体系。

(一)互联网管理领导体制调整完善

中国在建设好、利用好互联网的同时,坚持一手抓发展、一手抓管理的原则,不断加强和改进互联网管理,积极探索科学有效的互联网治理模式,切实维护互联网安全有序运行,促进互联网健康发展。经过二十年的实践,中国逐步建立了法律规范、行政监管、行业自律、技术保障、公众监督和社会教育相结合的互联网治理体系,初步形成了适应中国国情、符合国际通行做法、遵循互联网发展规律的治理模式。

1996年中国成立国务院信息化工作领导小组,1999年成立国家信息化工作领导小组,2001年组建了新的国家信息化领导小组,并设立国务院信息化工作办公室,统筹领导国家信息化建设和信息安全。经过十余年的不断探索,中国逐步形成了由国家互联网信息办公室、工业和信息化部、公安部、国家安全部、文化部、原国家新闻出版总署、原国家广播电影电视总局、教育部、原卫生部、国家工商总局等部门,在互联网内容、网络安全、行业管理、技术产业、网络文化、网络音视频、打击网络违法犯罪等领域,各司其职、齐抓共管的工作机制。

党的十八大以来,以习近平同志为总书记的党中央站在新的历史起点,作出加快建设网络强国、完善互联网管理领导体制等一系列重大战略决策。2013 年 11 月,党的十八届三中全会决定提出,坚持积极利用、科学发展、依法管理、确保安全的方针,加大依法管理网络力度,完善互联网管理领导体制。习近平总书记指出,面对互联网技术和应用飞速发展,现行管理体制存在明显弊端,主要是多头管理、职能交叉、权责不一、效率不高。完善互联网管理领导体制的目的,是整合相关机构职能,形成从技术到内容、从日常安全到打击犯罪的互联网管理合力,确保网络正确运用和安全。

2014 年 2 月 27 日,中央网络安全和信息化领导小组成立,习近平总书记亲自担任组长,李克强、刘云山同志任副组长。领导小组下设办公室,与国家互联网信息办公室一个机构、两块牌子。在中央网络安全和信息化领导小组第一次会议上,习近平强调,中央网络安全和信息化领导小组要发挥集中统一领导作用,统筹协调涉及经济、政治、文化、社会、军事等各个领域的网络安全和信息化重大问题,制定实施国家网络安全和信息化发展战略、宏观规划和重大政策。领导小组的成立,是中国关于互联网管理领导体制的重大改革创新,开创了统筹互联网信息内容管理、网络安全和信息化发展的新局面。

(二)政府引领、多方参与治理模式初步形成

政府发挥了统筹引领作用。中国政府综合采用法律规制、行政管理、产业政策、技术标准、宣传教育等多种措施,统筹协调各方积极参与互联网治理,引领调动各方力量共同推进互联网发展,建立了既符合互联网规律又具有中国特色的互联网治理模式。

互联网企业认真履行主体责任。中国互联网企业积极响应政府互联网治理的各项举措,主动承担社会责任,以实际行动参与互联网治理,营造公平竞争、诚信经营的良好环境。2004年11月,新浪、搜狐、网易公布中国互联网行业"诚信自律同盟"的自律细则,标志着中国互联网信息服务企业主动承担维护市场秩序的主体责任。2013年6月,阿里巴巴、腾讯、百度、新浪、盛大、网易等21家互联网企业成立了"互联网反欺诈委员会",推进全网联合打击网络诈骗,共建交易安全生态圈。2013年,百度、奇虎360等搜索引擎服务企业先后发布网民权益保障计划,承担起更大的社会责任。中国互联网企业积极参与网络整治的一系列专项行动,中国电信、中国移动、中国联通等电信运营企

业认真落实有关要求,加强技术手段和制度、机制建设,为行动取得预期效果提供了有力保障。百度、新浪、腾讯等互联网企业积极响应互联网用户违规账号专项治理行动,及时处置大量微博客、博客、论坛、贴吧和即时通信工具上的各类违法违规账号,促进了网络环境进一步净化。

行业组织有力促进互联网健康发展。中国高度重视社会组织在互联网治理中的重要作用,大力支持各类行业协会和社会组织建设,积极参与互联网治理。1997 年 6 月,中国科学院组建中国互联网络信息中心(CNNIC),行使国家互联网络信息中心的职责。2001 年 5 月,全国性行业组织中国互联网协会成立,制定发布了《中国互联网行业自律公约》《互联网站禁止传播淫秽色情等不良信息自律规范》《抵制恶意软件自律公约》《中国互联网行业版权自律宣言》等一系列自律规范。2002 年11 月,中国互联网协会设立了反垃圾邮件协调小组,为治理垃圾邮件做出了突出贡献。其组织有关单位设立的行业自律工作委员会、网络版权联盟等机构,为互联网行业规范有序发展作出了重要贡献。中国网络视听节目服务协会、中国互联网上网服务营业场所行业协会、中国互联网金融行业协会等行业组织不断成长,首都互联网协会等一批地方性互联网行业组织相继成立,组织发起了多个倡导网络文明的活动,促进了良好网络素养的形成。2014 年 3 月,中国首家以互联网为主题的数字博物馆——中国互联网博物馆启动筹备建设,将全面记录中国互联网发展历程,呈现中国互联网创新成果,传播互联网知识,让更多人了解中国互联网,参与到中国互联网的发展和建设当中。2015年4月,中国文化网络传播研究会成立,先后举办了"净化网络语言""国学大观园 网络中国节""网络书香 节日读书"等活动,促进了中华优秀文化的创造性转化和创新性发展。2015年8月,中国互联网发展基金会在北京正式挂牌,这是中国同时也是全球范围内第一家互联网领域公募基金会,通过整合社会资源、调动社会力量、运用网络传播规律激发正能量,弘扬社会主义核心价值观,关注并参与互联网相关的公益活动,支持中国互联网事业健康发展。近年来,互联网行业组织数量持续扩大,截至2015年10月,中国已有546家各行各类网络社会组织。

网民成为公众监督的重要力量。中国网民在享用互联网带来的便利服务的同时,充分利用互联网平台表达自己的意愿和诉求,主动抵制网上非法行为,为建设文明网络、绿色网络、和谐网络作出了贡献。为加强公众对互联网服务的监督,2004年以来,中国先后成立了互联网违法和不良信息举报中心、网络违法犯罪举报网站、12321网络不良与垃圾信息举报受理中心、12390扫黄打非新闻出版版权联合举报中心等公众举报受理机构,并于2010年1月发布了《举报互联网和手机媒体淫秽色情及低俗信息奖励办法》。截至2015年8月,全国各举报机构受理网民举报247.8万件,有效维护了网民权益和互联网信息传播秩序。"妈妈评审团""互联网妈妈监督团""网络辟谣联盟"等网民自发组织在保护青少年健康上网、净化网络环境、规范网络传播秩序等方面做出了积极努力。

此外,中国还涌现出一批专门的互联网治理研究机构和智库,为国家制定互联网治理政策、促进互联网健康发展发挥了积极作用。

(三)积极参与国际互联网治理

提出互联网治理中国主张。各国互联网彼此相联,同时又分属不同主权范围。中国一直积极倡导和推动互联网领域的国际交流与合作,共同维护全球互联网安全,共同促进全球互联网发展,共同分享全球互联网机遇和成果。2014 年 7 月,习近平主席在巴西国会演讲时指出,中国愿意同世界各国携手努力,本着相互尊重、相互信任的原则,深化国际合作,尊重网络主权,维护网络安全,共同构建和平、安全、开放、合作的网络空间,建立多边、民主、透明的国际互联网治理体系。2015 年 9 月,习近平主席在西雅图会见中美互联网论坛双方主要代表时强调,一个安全、稳定、繁荣的网络空间,对一国乃至世界和平与发展越来越具有重大意义。中国倡导建设和平、安全、开放、合作的网络空间,主张各国制定符合自身国情的互联网公共政策。中美都是网络大国,双方拥有重要共同利益和合作空间。双方理应在相互尊重、相互信任的基础上,就网络问题开展建设性对话,打造中美合作的亮点,让网络空间更好造福两国人民和世界人民。习近平主席的讲话,引起了300多名中美互联网界领军人物、重量级人物的高度关注和强烈共鸣。

搭建互联网治理中国平台。2014年11月19日,中国在浙江乌镇举办首届"世界互联网大会"。中国国家主席习近平向大会致贺信,指出中国愿意同世界各国携手努力,本着相互尊重、相互信任的原则,深化国际合作,尊重网络主权,维护网络安全,共同构建和平、安全、开放、合作的网络空间,建立多边、民主、透明的国际互联网治理体系。此次大会是第一次由中国举办的世界互联网盛会,第一次汇集了全球网络界领军人物共商发展大计,第一次全景展示了中国互联网发展理念和成果,第一次以千年古镇——乌镇来命名世界网络峰会。中国作为一个负责任的互联网大国,搭建起了与世界各国互联互通、共享共治的平台,为国际互联网发展和治理贡献出自己的智慧和力量。

2015年12月16日至18日,第二届世界互联网大会在浙江乌镇成功召开。中国国家主席习近平出席大会并在开幕式上发表主旨演讲,指出全球互联网治理体系变革应该坚持尊重网络主权、维护和平安全、促进开放合作、构建良好秩序等四项原则,并系统阐释了构建网络空间命运共同体的五点主张:第一,加快全球网络基础设施建设,促进互联互通,让更多发展中国家和人民共享互联网带来的发展机遇。第二,打造网上文化交流共享平台,促进交流互鉴,推动世界优秀文化交流互鉴,推动各国人民情感交流、心灵沟通。第三,推动网络经济创新发展,促进共同繁荣,促进世界范围内投资和贸易发展,推动全球数字经济发展。第四,保障网络安全,促进有序发展,推动制定各方普遍接受的网络空间国际规则,共同维护网络空间和平安全。第五,构建互联网治理体系,促进公平正义,应该坚持多边参与、多方参与,更加平衡地反映大多数国家意愿和利益。四项原则和五点主张彰显了国际道义力量,成为与会嘉宾凝聚共识、贡献创见最广阔的平台与基础,为全球互联网治理贡献了中国方案,在世界互联网史上具有里程碑意义。大会组委会发布的《乌镇倡议》,集中体现了中国互联网发展治理理念特别是习主席提出的四项原则、五点主张,凝聚了国际社会和各利益相关方的最大共识和共同愿景,指明了互联网未来发展前进方向,开启了全球互联网发展治理的"乌镇进程"。

大会期间还举办了"互联网之光"博览会。12 月 16 日,国家主席习近平视察"互联网之光"博览会,强调要用好互联网带来的重大机遇,以十八届五中全会提出的"五大发展理念"为指导,全面实施网络强国战略、大数据战略和"互联网 +"行动计划,充分发挥企业利用互联网转型发展的积极性,开展技术创新、服务创新、商业模式创新,鼓励更多产业利用互联网实现转型发展、更好发展,为我国经济发展提质增效做出贡献。要积极利用互联网助推脱贫攻坚战,让互联网发展成果惠及 13 亿多中国人民。要加大对网信企业扶持和成果推广,推动中国技术、中国标准和中国服务走出国门,走向世界。此次博览会共展出1000多项新技术、新产品,其中80%为国内重大技术成果和创新产品,并且都是党的十八大以来特别是中央网络安全和信息化领导小组成立后取得的,充分体现了近年来党中央实施网络强国战略、"互联网+"行动计划的生动实践和显著成就。

2015年9月10日,中国举办首届"中国—阿拉伯博览会网上丝绸之路论坛",建设造福中阿人民的网上丝绸之路,使之成为信息畅通之路、经贸繁荣之路、技术合作之路、资本汇聚之路、人文交流之路,让中阿成为网络空间的利益共同体和命运共同体。中国还举办了两届"中国—东盟网络空间论坛",着力打造中国—东盟信息港,全面推进基础设施、信息共享、技术合作、经贸服务、人文交流五大平台建设,加快建设21世纪"海上丝绸之路"的信息枢纽,引领和带动了中国与东盟网络领域全面交流,为中国和东盟各国搭建起互联互通的"网上港口"。

加强国际互联网交流合作。中国积极推动建立互联网领域的双边和多边对话交流机制。2007年以来,先后与美国、英国、韩国以及俄罗斯、印度、巴西、南非等国举办了"中美互联网论坛""中英互联网圆桌会议""中韩互联网圆桌会议""新兴国家互联网圆桌会议"等国家级双边或多边会议。2013年,中美两国确定在中美战略安全对话框架下设立网络安全工作组,第一次网络安全工作组会议在华盛顿举行,建立了中美在网络安全领域的对话机制。

　　积极参与国际互联网行业组织合作。互联网治理是信息社会的核心议题,受到各国普遍关注。2003 年和 2005 年,中国政府及民间互联网组织全程参与"信息社会世界峰会(WSIS)",成为全球互联网治理的重要力量之一。中国政府和相关社会组织参加了历届"全球互联网治理论坛(IGF)",参与联合国信息安全政府专家组,与各国政府、机构、专家等交流互联网治理经验、阐明中国治网理念主张,推动建立信息安全行为准则。

　　中国高度重视与互联网名称与数字地址分配机构(ICANN)、亚太互联网络信息中心(APNIC)、万维网联盟(W3C)、互联网协会(ISOC)、互联网架构委员会(IAB)、国际互联网工程任务组(IETF)等国际互联网行业组织的交流合作。中国积极参与 ICANN 会议,推动互联网关键资源的合理分配。2002 年 ICANN 会议首次在中国上海举办,2003 年中国中科院研究员钱华林当选 ICANN 理事,中国专家第一次进入 ICANN 管理层。

　　2014 年 6 月,中国代表在 ICANN 第 50 次会议期间提出了平等开放、多方参与、安全可信、合作共赢的全球互联网共治基本原则,并倡议各国应求同存异、增进理解,达成七点共识:互联网应该造福全人类,给世界人民带来福祉,而不是危害;互联网应该给各国带来和平与安全,而不能成为一个国家攻击他国的"利器";互联网应该更多服务发展中国家的利益,因为他们更需要互联网带来的机遇;互联网应该注重保护公民合法权益,而不能成为违法犯罪活动的温床,更不能成为实施恐怖主义活动的工具;互联网应该文明诚信,而不能充斥诽谤和欺诈;互联网应该传递正能量,继承和弘扬人类优秀文化;互联网应该有助于未成年人健康成长,因为这关系到人类的未来。

建立打击网络犯罪国际合作机制。2009 年,中国分别与东盟和上合组织成员国签订了《中国—东盟电信监管理事会关于网络安全问题的合作框架》《上合组织成员国保障国际信息安全政府间合作协定》。中国公安机关参加了国际刑警组织亚洲及南太平洋地区信息技术犯罪工作组(The Interpol Asia-South Pacific Working Party on IT Crime)、中美执法合作联合联络小组(JLG)等国际合作,并先后与美国、英国、德国、意大利、中国香港等国家和地区举行双边或多边会谈,就打击网络犯罪进行磋商。2014 年,中国公安机关与 60 余个国家和地区建立了双边和多边执法合作机制,连续侦破 20 余起跨国跨境网络犯罪案件。

2012 年 9 月 18 日,新兴国家互联网圆桌会议在京召开

（图片来源：国家互联网信息办公室）

2014 年 9 月 15 日,中国—东盟网络空间论坛在广西南宁召开

（图片来源：新华社）

2014 年 11 月 20 日,首届世界互联网大会"中外互联网领袖高峰对话"论坛举行

(图片来源:国家互联网信息办公室)

2015 年 7 月 3 日,中德互联网产业圆桌会议在德国柏林召开

(图片来源:国家互联网信息办公室)

2015 年 9 月 10 日,中一阿国家博览会网上丝绸之路论坛在宁夏银川开幕

（图片来源：宁夏回族自治区经济和信息化委员会）

2015 年 12 月 16 日—18 日,第二届世界互联网大会在浙江乌镇成功举办

（图片来源：国家互联网信息办公室）

2015 年 12 月 15 日—18 日,第二届世界互联网大会"互联网之光"博览会在浙江乌镇成功举办

(图片来源:国家互联网信息办公室)

1997 年 6 月 3 日,中国互联网络信息中心(CNNIC)在京成立

(图片来源:CNNIC)

2001 年 5 月 25 日,中国互联网协会在京成立

（图片来源:中国互联网协会）

2002 年 3 月 26 日,中国互联网协会发布《中国互联网行业自律公约》

（图片来源:中国互联网协会）

2002 年 10 月 26 日,全球互联网地址与域名管理机构(ICANN)大会首次在中国上海举办

(图片来源:中国互联网协会)

2009 年 1 月 5 日,全国整治互联网低俗之风专项行动电视电话会议在京召开

(图片来源:CNNIC)

2014 年 3 月 7 日,中国互联网博物馆在京启动筹建

（图片来源:CNNIC）

2014 年 11 月 24 日,首届国家网络安全宣传周在京启动

（图片来源:国家互联网信息办公室）

2015 年 6 月,"2015 中国好网民"流行语和故事征集活动拉开了培育中国好网民系列活动的序幕

（图片来源:新华网）

2015 年 8 月 3 日,中国互联网发展基金会在京正式挂牌

（图片来源:中国互联网发展基金会）

十、互联网发展的中国经验

20 年来，中国正确处理安全与发展、开放与自主、管理与服务的关系，在互联网发展和治理上取得了巨大成就，探索走出了一条中国特色互联网发展和治理之路。总结互联网发展和治理的中国经验，就是"六个坚持"：坚持党的领导、坚持为民服务、坚持开放合作、坚持创新驱动、坚持发挥企业主体作用、坚持安全与发展并重。

（一）坚持党的领导是中国互联网快速发展的根本政治保证

党的领导是中国特色社会主义制度的最大优势，也是中国互联网快速发展的最大优势。推动互联网健康可持续发展，既是广大人民的共同期望，也是中国共产党带领全国各族人民奋力实现"两个一百年"奋斗目标和中华民族伟大复兴中国梦的内在要求。20 年来，中国共产党准确把握全球信息革命潮流，尊重互联网发展规律，发挥社会主义集中力量办大事的制度优势，统揽全局、协调各方，加强对互联网发展和治理工作的领导，作决策、绘蓝图、指方向、聚力量，一手抓发展，一手抓管理，推动中国互联网健康快速发展,取得了举世瞩目的巨大成就。

(二)坚持为民服务是中国互联网快速发展的出发点和落脚点

实现好、维护好、发展好最广大人民根本利益是中国互联网发展的根本目的。20 年来,中国互联网始终贯彻以人民为中心的发展思想,把为人民服务、增进人民福祉、促进人的全面发展作为互联网发展的出发点和落脚点,让互联网更好造福人民。坚持发展为了人民,适应人民群众的期待和需求,加快信息化服务普及,降低应用成本,推动网络走入千家万户,为老百姓提供"用得上、用得起、用得好"的信息服务,让人民群众通过互联网了解世界、掌握信息、交流思想、创新创业、改善生活。互联网越来越成为人们生产生活的新空间,越来越成为获取公共服务的新平台,其发展成果惠及了亿万人民。中国互联网发展始终秉持"用户至上"理念,互联网企业把关注用户感受、满足用户需求、重视用户体验作为生存之道、发展之基,不断为人民群众带来更加优质的互联网应用,并积极承担社会责任,在自身发展的同时,回报社会、造福人民。坚持发展依靠人民,注重发挥人民首创精神,尊重劳动、尊重知识、尊重人才、尊重创造,最广泛地动员人民群众参与互联网发展和治理,让社会活力竞相迸发,让创造源泉充分涌流。

（三）坚持开放合作是中国互联网快速发展的基本政策

中国互联网注重利用国内国际两个市场、两种资源，积极推动网络空间开放合作、互利共赢、共同发展。中国互联网的发展得益于改革开放的大环境，对外开放为中国与世界的互联互通架设了桥梁，使得中国互联网从发展伊始，就能够敏锐地把握全球信息技术革命浪潮的重大机遇，就能够及时充分吸取国际先进经验，就能够紧跟国际互联网最新发展潮流，并结合中国国情进行大胆尝试和开拓创新。中国始终坚持开放创新，鼓励和支持互联网企业走出去，深化互联网国际交流合作，也欢迎遵守中国法律法规的外国互联网企业来华发展，把有利于提高社会生产力水平、有利于改善人民生活的新技术推广到中国。中国一直致力于推动网络空间双边、多边合作，努力将网络空间打造成国际合作新亮点。中国是网络安全的坚定维护者。中国也是黑客攻击的受害国。中国政府认为，不论是网络商业窃密，还是对政府网络发起黑客攻击，都是违法行为，都应该根据法律和相关国际公约予以打击。中国提出了全球互联网发展治理的"四项原则""五点主张"，倡导国际社会应该本着相互尊重和相互信任的原则，共同构建和平、安全、开放、合作的网络空间，建立多边、民主、透明的国际互联网治理体系。

（四）坚持创新驱动是中国互联网快速发展的内生动力

互联网是当代科技创新最活跃的领域，创新是互联网发展的基因。中国始终把创新摆在首要位置，坚持体制机制创新、理念创新、技术创新、文化创新、应用创新，促进大众创业、万众创新，支持鼓励互联网企业家、领军人才和工程技术人员创新、创新、再创新，为互联网发展提供不竭动力。中国将技术创新和产业发展作为互联网发展的先导力量，瞄准信息通信技术前沿领域，超前研究部署，统筹规划安排，积极参与全球信息通信技术创新浪潮，从移动芯片、智能终端、网络设备制造到 Web 服务、移动互联网，不断取得创新突破，掌握更多自主知识产权，为经济社会发展注入了持久动力。中国注重发挥市场优势，以应用创新带动产业升级，以产业升级带动市场需求，以市场需求激发创新活力，持续拓展互联网发展空间，构建起环环相扣、相互支撑的生态体系，形成了创新不断、换代更新、迅速壮大的良性发展局面。

（五）坚持发挥企业主体作用是中国互联网快速发展的关键因素

20 年来，对互联网这个现代先进科技成果，中国始终以积极、开放、包容的态度，鼓励和支持互联网发展，鼓励互联网企业创新发展，减少不必要的行政干预，注重保护知识产权，支持优秀人才投入互联网行业,稳妥处理互联网发展与现有法律规范、行业管理制度等方面的矛盾和问题,为互联网发展营造了一个鼓励创新、公平公正、宽容包容的市场环境。中国互联网企业是全球最具创新活力的企业,中国互联网企业家是最具创新精神的群体。特别是一大批有志于互联网发展的创新创业者,主动拥抱、全心投入互联网浪潮,孕育发展了具有国际竞争力的互联网产业群和世界影响力的互联网企业,推动构建了具有中国特色的互联网发展生态环境。以马云、马化腾、任正非、李彦宏、刘强东、雷军等为代表一批批网信企业家,对信息革命浪潮有着前瞻思考和敏锐把握,秉承勇于创新的精神、艰苦创业的勇气、坚韧不拔的品质,引领带动中国网信企业迅猛发展,培育发展出了华为、阿里巴巴、百度、腾讯、京东、小米等一批具有国际影响力的著名企业,建立起网络基础设施、电子商务、互联网金融、网络社交、云计算、大数据、物联网、移动互联网、集成电路、软件技术服务等覆盖互联网发展上下游、全链条的产业发展体系,在全球互联网的发展中发挥着越来越重要的作用。

(六)坚持安全与发展并重是中国互联网快速发展的有力保障

互联网是一把双刃剑,用得好,它是阿里巴巴的宝库,里面有取之不尽的宝物;用不好,它是潘多拉的魔盒,给人类无尽的伤害。没有网络安全就没有国家安全,没有信息化就没有现代化。网络安全和信息化是一体之两翼、驱动之双轮,两者是相辅相成的。安全是发展的前提,发展是安全的保障。20 年来,中国始终坚持安全与发展并重,一手抓发展,一手抓安全,以安全保发展,以发展促安全,建立健全网络安全责任制,大力完善网络安全保障体系,制定出台网络安全法律法规和政策举措,加强全社会网络安全宣传教育,着力构筑政府、企业、社会组织、广大网民共同参与的网络安全防线,确保了互联网健康可持续发展。中国是网络安全的坚定维护者,坚持技术和管理两手抓、两促进,通过自主创新、安全审查、开放合作等措施,不断提升网络安全防护能力,组织实施了多个重大专项行动,坚决打击网络犯罪和网络违法行为,切实维护国家网络安全,努力建久安之势、成长治之业。

十一、迈向网络强国之路

2015 年 10 月,党的十八届五中全会提出了创新、协调、绿色、开放、共享的新发展理念。这是在深刻总结国内外发展经验教训、深入分析国内外发展大势的基础上提出的,集中反映了我们党对我国经济社会发展规律的新认识。

2016 年 4 月 19 日,习近平总书记主持召开网络安全和信息化工作座谈会并发表重要讲话。他指出,按照创新、协调、绿色、开放、共享的发展理念推动经济社会发展,是当前和今后一个时期我国发展的总要求和大趋势,网信事业发展要适应这个大趋势。总体上说,网信事业代表着新的生产力、新的发展方向,应该也能够在践行新发展理念上先行一步。

"十三五"时期,是中国互联网大有可为的重要战略机遇期。站在新的历史起点上,中国网信事业将以习近平总书记重要讲话为指引,全面贯彻以人民为中心的发展思想,大力实施网络强国战略、"互联网+"行动计划、大数据战略等,努力在践行新发展理念上先行一步,让互联网更好造福国家和人民。

（一）网络基础设施基本普及

加强信息基础设施建设，加快推进"宽带中国"战略，构建高速、移动、安全、泛在的新一代信息基础设施，显著提升宽带接入能力，使光纤网络覆盖城市家庭。大力发展更加先进的移动互联网，实现 4G 网络基本覆盖城乡，5G 网络建设渐次展开、实现商用。超前布局下一代互联网，不断增强天地一体网络服务能力。网络服务质量、应用水平和产业支撑能力与世界先进水平同步，为人民群众带来更高效优质的服务。深入开展网络提速降费行动，进一步完善电信普遍服务机制，加快农村互联网建设步伐，扩大光纤网、宽带网在农村的有效覆盖，全面普及互联网，促进信息便民惠民，大幅提高全民信息素质，使地区之间、城乡之间的数字鸿沟差距进一步缩小，让亿万人民在共享互联网发展成果上有更多获得感。

（二）自主创新能力显著增强

坚定不移实施创新驱动发展战略，立足自主创新、坚持开放创新，面向世界科技前沿、面向国家重大需求、面向国民经济主战场，紧紧围绕攀登战略制高点，把握基础技术、通用技术、非对称技术、前沿技术、颠覆性技术，把更多人力物力财力投向核心技术研发，集合精锐力量，作出战略性安排，有决心、恒心、重心尽快在核心技术上取得突破，争取在某些领域、某些方面实现

"弯道超车",掌握互联网发展主动权。围绕互联网发展的核心技术,制定信息领域核心技术设备发展战略纲要,制定路线图、时间表、任务书,明确近期、中期、远期目标,强化重要领域和关键环节任务部署,坚持不懈持续推进;实现集成电路、基础软件、核心元器件、物联网技术等核心技术的根本性突破,移动互联网、云计算、大数据、智能制造、机器人等新兴技术的加快发展。着力解决基础研究这个核心技术的根源问题,在科研投入上集中力量办大事,把好钢用在刀刃上,加快建设以国家实验室为引领的信息技术创新基础平台,夯实自主创新技术基础能力,积极推动核心技术成果转化和产业化,推动强强联合、协同攻关,探索设立关键核心技术项目揭榜挂帅制度、组建产学研用联盟、建立更加紧密的资本型协作机制,加强战略、技术、标准、市场等沟通协作,鼓励和支持企业布局前沿技术、推动核心技术自主创新,大幅提升信息领域创新链、产业链、价值链整合能力。大力推进互联网的跨领域、跨行业协同创新,推动构建新型创新网络,进一步完善互联网领域知识产权保护机制,互联网创新活力得到充分释放,有力促进大众创业、万众创新。进一步营造企业发展良好环境,破除体制机制障碍,加快推进审批制度、融资制度、专利制度等改革,减少重复检测认证,实行优质优价政府采购制度,减轻企业负担,规范市场秩序,加大知识产权保护力度,鼓励和支持企业成为研发主体、创新主体、产业主体,积极参与国际竞争,拓展海外发展空间,一批有国际竞争力的创新型领军企业发展壮大,科技型中小企业健康发展,形成大中小企业各具优势、竞相创新、协同发展的生动格局。聚天下英才而用之,进一步加大引进人才力度,深化人才体制机制改革,构建具有全球竞争力的人才制度体系,为人才发挥聪明才智创造条件、营造环境、提供平台。不拘一格降人才,对特殊人才采取特殊政策,建立灵活的人才激励机制,充分调动企业家、专家学者、科技人员的积极性、主动性、创造性,让作出突出贡献的人才有成就感、获得感,让更多优秀年轻人积极投身网络强国建设。下大力气引进高端人才,全面加强互联网人才培养力度和资金投入,培养造就一大批世界水平的科学家、网络科技领军人才、卓越工程师、高水平创新团队,建立起一支创造力迸发、活力涌现的强大网信优秀人才大军,为建设网络强国提供更加坚强有力的人才支撑。

(三)网络经济全面发展

中国经济发展进入新常态,新常态要有新动力,互联网在这方面大有可为、大有作为。全面推进"互联网+"行动计划,着力推动互联网与实体经济深度融合发展,以信息流带动技术流、资金流、人才流、物资流,促进资源配置优化,促进全要素生产率提升,为推动创新发展、转变经济发展方式、调整经济结构发挥积极作用。做好信息化和工业化深度融合这篇大文章,发展智能制造,带动更多人创新创业。瞄准农业现代化主攻方向,提高农业生产智能化、经营网络化水平,帮助广大农民增加收入。鼓励社会力量参与农村信息化,发挥互联网在助推脱贫攻坚中的作用,推进精准扶贫、精准脱贫,让更多困难群众用上互联网,让农产品通过互联网走出乡村,让贫困地区的孩子也能接受优质教育。推动分享经济蓬勃发展,深化拓展网络经济发展空间。电子商务进一步创新发展,跨境电子商务快速发展,线上线下互动的信息消费迅速扩大,产业组织、商业模式、供应链、物流链等基于互联网的各类创新不断涌现。"中国制造2025"取得重大进展,信息技术向市场、设计、生产等环节全面渗透,生产方式向柔性、智能、精细转变,智能制造加速构建新型制造体系。农业信息化全面推进,构建现代农业产业体系、生产体系、经营体系,从农田到餐桌的农产品生产经营全过程的服务体系逐步健全。国家大数据战略深入实施,数据资源开放共享进程明显加快,综合运用数据资源进行大数据挖掘分析、服务经济社会发展的能力显著提升。信息经济试点示范取得成效,创建形成一批国家信息经济示范区,京津冀信息化综合平台、长江经济带信息化发展等建设,有力推动沿海沿江沿线信息经济协调发展。"一带一路"建设拓展网络经济国际合作新空间,"中国—东盟信息港"、网上丝路宁夏枢纽工程、中欧数字丝绸之路等平台建设体系化推进,引领带动企业加快"走出去"步伐。

(四)推动国家治理体系和治理能力现代化

把信息作为国家治理的重要依据,发挥其在推进国家治理体系和治理能力现代化进程中的重要作用。以信息化促进国家治理体系和治理能力现代化，运用信息化手段感知社会态势、畅通沟通渠道、辅助科学决策。统筹发展电子政务，持续深化电子政务应用，建立政务网络互联、信息共享、业务互通机制，构建一体化在线服务平台，提升公共服务供给效能，全面促进阳光政府、服务政府、法治政府建设，让百姓少跑腿、信息多跑路，办事难、办事慢、办事繁的问题得到有效解决。深入推进各级党政机关通过网络走网上群众路线，把善于运用网络了解民意、开展工作作为新形势下领导干部做好工作的基本功。发挥互联网舆论监督作用，及时采纳建设性意见，欢迎并认真研究和吸取网上那些出于善意的批评。依托网络平台推进信息公开，加强政民互动，推行网上受理信访，完善群众利益协调、权益保障机制，使互联网成为政府同群众交流沟通的新平台，成为了解群众、贴近群众、为群众排忧解难的新途径，成为发挥民主、接受群众监督的新渠道。强化信息资源深度整合，打通信息壁垒，构建全国信息资源共享体系，打通经济社会发展的信息"大动脉"。深化财政、经济、税务、商事信息化应用，加强经济运行数据分析、监测和预警，增强宏观调控和决策支持能力。分级分类推进新型智慧城市建设，发挥互联网优势，实施"互联网＋教育""互联网＋医疗""互联网＋文化"等施惠民生的重大行动，大幅提升公共服务信息化水平，促进基本公共服务均等化。远程教育、健康养老、社会保障、食品安全等互联网应用更加丰富，公共服务供给向普惠性、保基本、均等化、可持续方向发展,有效增进人民福祉。互联网与生态文明建设深度融合,成为建设美丽中国的重要支撑。

(五)网络空间生态良好

网上网下形成同心圆,发挥网络引导舆论、反映民意的作用,把各方面的力量凝聚起来、团结起来,使全社会方方面面同心干,全国各族人民心往一处想、劲往一处使,共同为实现中华民族伟大复兴的中国梦而努力奋斗。互联网不是法外之地,进一步加快网络立法进程,依法加强网络空间治理,深入净化网络环境,规范网络秩序,对不符合人民利益的网上不法行为和非法活动进行坚决制止打击,为广大网民特别是青少年营造一个天朗气清、生态良好的网络空间,使之成为亿万民众共同的精神家园。加强网络内容建设,实施网络内容建设工程,推动传统媒体和新兴媒体加快融合发展,建成一批新型主流媒体,巩固壮大网上思想文化阵地。牢牢把握正确舆论导向,做强网上正面宣传,用社会主义核心价值观和优秀文明成果滋养人心、滋养社会,做到正能量充沛、主旋律高昂。发展积极健康、向上向善的网络文化,增强网络文化创新能力,推动网络文艺全面发展繁荣,打造一批具有中国气派、中国风格的网络文化品牌。全面提升互联网国际传播能力,充分利用网络媒体和社交平台讲好中国故事、传播中国声音,推动中国文化走出去。加强政府、企业密切协作协调,引导企业经济效益和社会效益并重,健全完善政府引领、多方参与的互联网治理模式,走出一条齐抓共管、良性互动、合力治理的新路。

(六)网络安全保障有力

加强顶层设计和统筹协调,依法加强网络安全管理,规范网络空间行为。加快构建关键信息基础设施安全保障体系,采取有效措施做好国家关键基础设施安全防护,增强企业对数据安全、网络安全的重视和安全防范意识,有效保障个人信息安全和网民合法权益,坚决维护国家信息安全。做好网络安全态势感知基础工作,全天候全方位感知网络安全态势,增强网络安全防御能力和威慑能力,全面加强网络安全检查,建立统一高效的网络安全风险报告机制、情报共享机制、研判处置机制,建立政府和企业网络安全信息共享机制,加强大数据挖掘分析,提高风险防范能力。落实网络安全责任制,制定网络安全标准,增强网络安全技术防护能力。大力发展网络安全技术与产业,建立自主创新、安全可控的网络安全保障体系。网络空间法治化深入推进,打击网络违法犯罪行为和不良信息内容传播的力度不断加大,依法加强网络安全,更加有效保障网民合法权益。树立正确的网络安全观,进一步扩大网络安全宣传教育普及面,全面提高广大网民的网络安全意识和网络素养。坚持网络安全为人民,网络安全靠人民,政府、企业、社会组织和广大网民共同参与,将维护网络安全作为全社会的共同责任,各方面齐抓共管,共筑全社会共同参与的网络安全防线。

(七)推动国际互联网治理机制变革完善

围绕尊重网络主权、构建网络空间命运共同体,全面加强国际互联网领域的交流与合作,管控分歧,增进互信,深化改革,共同推动制定网络空间国际规则,建立多边、民主、透明的国际互联网治理体系,促进全球互联网共享共治。积极参与加强中美、中欧、中英、中韩、中拉、中国与东盟等双边、多边国际互联网交流合作,充分发挥世界互联网大会等中国平台的作用,推动全球范围内的网络交流与合作,积极推动制定网络空间国际规则、行为准则等。广泛开展数字经济国际合作,深入推进"一带一路"周边国家的网络互联、信息互通,加快建成"信息丝绸之路",造福各国人民。积极参与维护全球网络安全,推动逐步建立起打击网络犯罪、开展网络空间反恐、防范黑客攻击、保护关键基础设施等重点领域的国际合作机制,推动构建和平、安全、开放、合作的网络空间。

"长风破浪会有时"。中国互联网将紧紧围绕建设网络强国的战略部署,因势而谋,应势而动,顺势而为,以更加开放的胸怀、更加包容的理念、更加创新的精神、更加务实的举措,向着网络强国的目标迈进,为实现"两个一百年"奋斗目标、实现中华民族伟大复兴中国梦,为打造一个和平、安全、透明的全球网络空间作出中国贡献,让互联网造福全世界、造福全人类!

附录:中国互联网发展大事记

1987—1993 年

1987 年 9 月 1 日,在德国卡尔斯鲁厄大学维纳·措恩 (Werner Zorn) 教授科研小组的帮助下,王运丰教授和李澄炯博士等在北京计算机应用技术研究所建成电子邮件节点,并于 9 月 20 日向德国成功发出电子邮件。

1988 年年初,中国第一个 X. 25 分组交换网 CNPAC 建成,覆盖北京、上海、广州、沈阳、西安、武汉、成都、南京、深圳等城市。

1989 年 10 月,国家计委利用世界银行贷款,正式立项重点学科项目"中关村地区教育与科研示范网络",世界银行命名为"National Computing and Networking Facility of China"(简称 NCFC)。11 月项目启动,由中国科学院主持,联合北京大学、清华大学共同实施,主要目标是建设 NCFC 主干网和三个院校网。

1990 年 11 月 28 日,在王运丰教授和维纳·措恩(Werner Zorn)教授的努力下,中国顶级域名.CN 完成注册,钱天白任行政联络员。从此,中国在互联网上有了自己的身份标识。

1991 年 3 月,中国科学院高能物理研究所与美国斯坦福大学直线加速器中心(SLAC)计算机网络建立连接。

1992 年 6 月,在日本神户举行的 INET'92 年会上,中国科学院钱华林研究员约见美国国家科学基金会国际联网部负责人,第一次正式讨论中国连入互联网问题。

1993 年 3 月 12 日,国务院副总理朱镕基主持会议,部署建设国家公用经济信息通信网(简称金桥工程)。

1993 年 6 月,在 INET'93 会议上,NCFC 专家们重申了中国连入互联网的要求。会后,钱华林研究员参加了洲际研究网络协调委员会(CCIRN)会议,讨论中国连入互联网的问题。此次会议对中国最终连入互联网发挥了重要推动作用。

1993 年 8 月 27 日,国务院总理李鹏批准使用 300 万美元总理预备费,支持启动金桥工程前期建设。

1993 年 12 月 10 日,国务院批准成立国家经济信息化联席会议,国务院副总理邹家华任联席会议主席。

1994 年

1994 年 4 月初,中美科技合作联委会在美国华盛顿举行。会前,中国科学院副院长胡启恒代表中方向美国国家科学基金会(NSF)重申连入互联网的要求,获得 NSF 认可。

1994 年 4 月 20 日,NCFC 工程通过美国 Sprint 公司连入互联网的 64K 国际专线开通,中国从此实现了与互联网的全功能连接，被国际上正式承认为真正拥有全功能互联网的国家。

1994年5月15日，中国科学院高能物理研究所设立了国内第一个WEB服务器，推出中国第一套网页。内容包括中国高科技发展的介绍，以及"Tour in China"栏目。此栏目提供新闻、经济、文化、商贸等更图文并茂的信息，后被改名为《中国之窗》。

1994年5月21日，在钱天白研究员和德国卡尔斯鲁厄大学的协助下，中国科学院计算机网络信息中心完成了中国国家顶级域名（.CN）服务器的设置，从此改变了中国CN顶级域名服务器一直放在国外的历史。

1994年6月8日，国务院办公厅发布《国务院办公厅关于"三金工程"有关问题的通知》。金桥工程建设自此全面展开。

1994年7月初，由清华大学等六所高校建设的"中国教育和科研计算机网"试验网开通。该网络采用IP/X.25技术连接北京、上海、广州、南京、西安等城市，并通过NCFC的国际出口与互联网互联，成为运行TCP/IP协议的计算机互联网络。

1994年9月，邮电部与美国商务部签订《中美双方关于国际互联网的协议》，其中规定电信总局将通过美国Sprint公司开通2条64K专线（北京、上海各一条）。中国公用计算机互联网（CHINANET）的建设开始启动。

1995 年

1995 年 1 月,邮电部电信总局分别在北京、上海设立的 2 条 64K 专线开通,开始通过电话网、DDN 专线以及 X.25 网等方式向社会提供互联网接入服务。

1995 年 4 月,中国科学院启动京外单位联网工程(简称"百所联网"工程)。其目标是将网络从北京地区 30 多个研究所的基础上扩展至全国 24 个城市,实现国内各学术机构的计算机互联,并与互联网相联。这个连接了中国科学院以及一批科研院所和科技单位的全国性网络改名为"中国科技网"(CSTNet)。

1995 年 7 月,"中国教育和科研计算机网"(CERNET)第一条连接美国的 128K 国际专线开通,同时开通了连接北京、上海、广州、南京、沈阳、西安、武汉、成都 8 个城市的 CERNET 主干网 DDN 信道,速率为 64Kbps,并实现与 NCFC 互联。

1996 年

1996 年 1 月 13 日,在原国家经济信息化联席会议的基础上,国务院信息化工作领导小组及其办公室成立。国务院副总理邹家华任领导小组组长。

1996 年 2 月 1 日,国务院第 195 号令发布了《中华人民共和国计算机信息网络国际联网管理暂行规定》。

1996 年 3 月,清华大学提交的适应不同国家和地区中文编码的汉字统一传输标准被 IETF 通过,成为中国国内第一个被认可为 RFC 文件的提交协议。

1996 年 4 月 9 日,邮电部发布《中国公用计算机互联网国际联网管理办法》。

1996 年 11 月 15 日,实华开公司在北京首都体育馆旁边开设"实华开网络咖啡屋",这是中国第一家网络咖啡屋。

1997 年

1997 年 1 月 1 日,《人民日报》主办的人民网进入国际互联网络。这是中国开通的第一家中央重点新闻网站。

1997 年 2 月,瀛海威全国网开通。3 个月内在北京、上海、广州、福州、深圳、西安、沈阳、哈尔滨 8 个城市开通,成为中国最早、也是最大的民营 ISP、ICP。

1997 年 4 月 18 日,全国信息化工作会议在深圳市召开。会议确定了国家信息化体系的定义、组成要素、指导方针、工作原则、奋斗目标、主要任务,并通过了国家信息化"九五"规划和 2000 年远景目标,将中国互联网列入国家信息基础设施建设,并提出建立国家互联网信息中心和互联网交换中心。

1997 年 5 月 20 日,国务院颁布了《国务院关于修改〈中华人民共和国计算机信息网络国际联网管理暂行规定〉的决定》。

1997 年 5 月 30 日,国务院信息化工作领导小组办公室发布《中国互联网络域名注册暂行管理办法》,授权中国科学院组建和管理中国互联网络信息中心（CNNIC），授权中国教育和科研计算机网网络中心与 CNNIC 签约并管理二级域名".edu.cn"。

1997 年 6 月 3 日，CNNIC 正式成立，行使国家互联网络信息中心的职责。中国互联网络信息中心工作委员会同日成立。

1997 年 10 月，中国公用计算机互联网（CHINANET）实现了与中国其他三个互联网络——中国科技网（CSTNET）、中国教育和科研计算机网（CERNET）、中国金桥信息网（CHINAGBN）的互联互通。

1997 年 11 月，CNNIC 发布了第一次《中国互联网发展状况统计报告》：截止 1997 年 10 月 31 日，中国共有上网计算机 29.9 万台，上网用户数 62 万，.CN 下注册的域名 4066 个，WWW 站点约 1500 个，国际出口带宽 25.408M。

1997 年 12 月 30 日，公安部发布了由国务院批准的《计算机信息网络国际联网安全保护管理办法》。

1998 年

1998 年 3 月 6 日，国务院信息化工作领导小组办公室发布《中华人民共和国计算机信息网络国际联网管理暂行规定实施办法》，并自颁布之日起施行。

1998 年 3 月，第九届全国人民代表大会第一次会议批准成立信息产业部，主管全国电子信息产品制造业、通信业和软件业，推进国民经济和社会服务信息化。

1998 年 8 月，公安部正式成立公共信息网络安全监察局，负责组织实施维护计算机网络安全，打击网上犯罪，对计算机信息系统安全保护情况进行监督管理。

1999 年

1999 年 4 月 15 日，国内 23 家有影响的网络媒体首次聚会，共商中国网络媒体发展，并原则通过《中国新闻界网络媒体公约》，呼吁全社会重视和保护网上信息产权。

1999 年 5 月，中国第一个安全事件应急响应组织 CCERT（CERNET Computer Emergency Response Team）在清华大学网络工程研究中心成立。

1999 年 7 月 12 日，中华网成为中国第一个在美国纳斯达克上市的互联网公司。

1999 年 9 月，招商银行率先在国内全面启动"一网通"网上银行服务，经中国人民银行批准开展网上个人银行业务，建立了由网上企业银行、网上个人银行、网上支付、网上证券及网上商城为核心的网络银行服务体系。

1999 年 12 月 23 日，国家信息化工作领导小组成立，国务院副总理吴邦国任组长。国家信息化办公室改名为国家信息化推进工作办公室。

2000 年

2000 年 3 月,国务院新闻办公室增设网络新闻宣传管理局,以加强互联网新闻宣传工作。

2000 年 3 月 30 日,中国证监会发布《网上证券委托暂行管理办法》。

2000 年 4 月 13 日,新浪在纳斯达克交易所上市,发行股票 400 万股,每股发行价 17.00 美元,共募集资金 6800 万美元。

2000 年 5 月 17 日,中国移动互联网(CMNET)投入运行。同日中国移动正式推出"全球通 WAP(无线应用协议)"服务。

2000 年 7 月 7 日,由国家经贸委、信息产业部指导,中国电信集团公司与国家经贸委经济信息中心共同发起的"企业上网工程"正式启动。

2000 年 8 月 21 日,第 16 届世界计算机大会在北京举行。国家主席江泽民为大会题词并在开幕式上发表重要讲话,主张制定国际互联网公约,共同加强信息安全管理,充分发挥互联网的积极作用。

2000 年 9 月 25 日,国务院发布《中华人民共和国电信条例》,这是中国第一部管理电信业的综合性法规,标志着中国电信业发展步入法制化轨道。同日,国务院颁布施行《互联网信息服务管理办法》,对经营性互联网信息服务实行许可制度,对非经营性互联网信息服务实行备案制度。

2000 年 10 月 11 日，中国共产党第十五届五中全会就信息化建设作出部署，指出："大力推进国民经济和社会信息化是覆盖现代化建设全局的战略举措。以信息化带动工业化，发挥后发优势，实现社会生产力的跨越式发展。"

2000 年 10 月，时任福建省省长习近平同志提出建设"数字福建"的战略部署，强调建设"数字福建"是当今世界最重要的科技制高点之一，要选准抓住这个科技制高点，集中力量，奋力攻克。2001 年 2 月，福建省成立"数字福建"建设领导小组，习近平同志亲自任组长，启动"数字福建"建设。

2000 年 11 月 1 日，CNNIC 发布《中文域名注册管理办法（试行）》和《中文域名争议解决办法（试行）》，并委托中国国际经济贸易仲裁委员会成立中文域名争议解决机构。

2000 年 11 月 6 日，国务院新闻办公室、信息产业部发布《互联网站从事登载新闻业务管理暂行规定》。同日，信息产业部发布《互联网电子公告服务管理规定》。

2000 年 11 月 7 日，信息产业部发布《关于互联网中文域名管理的通告》，对境内中文域名注册服务和管理加以规范，并明确授权 CNNIC 为中文域名注册管理机构。CNNIC 中文域名注册系统全面升级，推出".CN"".中国"".公司"".网络"为后缀的中文域名服务。

2000 年 12 月 7 日，由文化部、共青团中央、广电总局、全国学联、国家信息化推进办公室、光明日报、中国电信、中国移动等单位共同发起的"网络文明工程"在京正式启动。主题是"文明上网、文明建网、文明网络"。

2000 年 12 月 28 日,第九届全国人大常委会第十九次会议表决通过《全国人民代表大会常务委员会关于维护互联网安全的决定》,规定非法截获、篡改、删除他人邮件或其他数据资料,侵犯公民通信自由和通信秘密,构成犯罪的,依照刑法有关规定追究刑事责任。

2001 年

2001 年 1 月 1 日,互联网"校校通"工程正式实施。这是国家推进教育信息化的一项重要举措。

2001 年 1 月,江泽民总书记出席全国宣传部长会议,强调要高度重视互联网的舆论宣传,积极发展,充分运用,加强管理,趋利避害,不断增强网上宣传的影响力和战斗力,使之成为思想政治工作的新阵地,对外宣传的新渠道。

2001 年 1 月 11 日,国家药品监督管理局公布《互联网药品信息服务管理暂行规定》,自 2001 年 2 月 1 日开始施行。

2001 年 4 月 3 日,信息产业部、公安部、文化部、工商总局联合发布《互联网上网服务营业场所管理办法》。

2001 年 4 月 13 日,信息产业部、公安部、文化部、工商总局部署开展"网吧"专项清理整顿工作。

2001 年 5 月 25 日,在信息产业部的指导下,经民政部批准，国内从事互联网行业的网络运营商、服务提供商、设备制造商、系统集成商以及科研、教育机构等 70 多家互联网从业者，共同发起成立中国互联网协会。

2001 年 6 月 1 日，由海关总署牵头、国家 12 个有关部委联合开发的、被称为中国"电子口岸"的口岸电子执法系统，经过在北京、天津、上海、广州 4 个进出口口岸的试点运行，在中国各口岸全面运行。

2001 年 7 月 9 日，中国人民银行颁布《网上银行业务管理暂行办法》。

2001 年 8 月 23 日，中共中央、国务院批准重新组建国家信息化领导小组，国务院总理朱镕基任组长。国务院成立信息化工作办公室，曾培炎同志任主任。成立国家信息化专家咨询委员会，刘鹤同志任主任。

2001 年 9 月 7 日，《信息产业"十五"规划纲要》正式发布。

2001 年 10 月 27 日，"信息网络传播权"正式列入修订后的《中华人民共和国著作权法》，有关新条款使今后网络传播环境下的著作权保护有法可依。

2001 年 11 月 22 日，共青团中央、教育部、文化部、国务院新闻办公室、全国青联、全国学联、全国少工委、中国青少年网络协会向社会正式推出《全国青少年网络文明公约》，全国亿万青少年从此有了自己的网络行为道德规范。

2001 年 12 月 25 日，国务院总理、国家信息化领导小组组长朱镕基主持召开了国家信息化领导小组第一次会议,指出要高度重视加强统筹协调,坚持面向市场,防止重复建设,扎扎实实推进中国信息化建设。

2002 年

2002 年 3 月 26 日,中国互联网协会在北京发布《中国互联网行业自律公约》。

2002 年 5 月 17 日,文化部发布《关于加强网络文化市场管理的通知》。

2002 年 6 月 27 日,新闻出版总署和信息产业部联合出台《互联网出版管理暂行规定》,自 2002 年 8 月 1 日起正式实施。

2002 年 7 月 3 日,国家信息化领导小组第二次会议召开,审议通过了《国民经济和社会发展第十个五年计划信息化重点专项规划》《关于我国电子政务建设的指导意见》和《振兴软件产业行动纲要》。

2002 年 9 月,国家计算机网络应急技术处理协调中心(CNCERT/CC)成立。

2002 年 9 月 29 日,国务院总理朱镕基签发中华人民共和国国务院第 363 号令,公布《互联网上网服务营业场所管理条例》,自 2002 年 11 月 15 日起施行。

2002 年 10 月 26 日,全球互联网地址与域名管理机构(ICANN)在上海举办会议,由中国互联网络信息中心和中国互联网协会共同承办。这是 ICANN 会议第一次在中国大陆举行。

2002 年 11 月 1 日,由中国互联网协会、263 网络集团和新浪共同发起的中国互联网协会反垃圾邮件协调小组在北京成立。

2002 年 11 月 8 日,中国共产党第十六次全国代表大会报告指出,走新型工业化道路,信息化是我国加快实现工业化和现代化的必然选择。坚持以信息化带动工业化,以工业化促进信息化,走出一条科技含量高、经济效益好、资源消耗低、环境污染少、人力资源优势得到充分发挥的新型工业化路子。

2002 年 11 月 25 日,由中国互联网协会主办的"中国互联网大会"在上海国际会议中心召开。信息产业部吴基传部长出席大会并致辞。

2003 年

2003 年 5 月 10 日,文化部发布《互联网文化管理暂行规定》,自 2003 年 7 月 1 日起施行。

2003 年 6 月 26 日,中科院研究员钱华林当选 ICANN 理事,任期三年。这是中国专家第一次进入全球互联网地址与域名资源最高决策机构的管理层。

2003 年 8 月 11 日,一种名为"冲击波"(WORM_MSBlast.A)的电脑蠕虫病毒从境外传入国内。短短几天内影响到全国绝大部分地区的用户,成为病毒史上影响最广泛的病毒之一。

国家有关部门采取有效措施控制了病毒的传播。

2003 年 8 月，国务院正式批复启动"中国下一代互联网示范工程"（CNGI），标志着中国进入下一代互联网的大规模研发和建设阶段。

2004 年

2004 年 6 月 10 日，由中国互联网协会互联网新闻信息服务工作委员会主办的违法和不良信息举报中心网站（net.china.cn）开通。

2004 年 8 月 28 日，第十届全国人大常委会第十一次会议通过《中华人民共和国电子签名法》，自 2005 年 4 月 1 日起实行，标志着我国的信息化立法迈出重要步伐。

2004 年 9 月 1 日—2 日，中国互联网大会（第三届）在北京国际会议中心举行。信息产业部部长王旭东宣读中央政治局常委、国务院副总理黄菊同志贺信并致辞。

2004 年 11 月 29 日，新浪、搜狐、网易公布中国无线互联网行业"诚信自律同盟"的自律细则。

2004 年 12 月 23 日，我国国家顶级域名.CN 服务器的 IPv6 地址成功登录到全球域名根服务器，标志着 CN 域名服务器接入 IPv6 网络，支持 IPv6 网络用户的 CN 域名解析。

2004 年 12 月 25 日，中国第一个"下一代互联网示范工程"（CNGI）核心网之一 CERNET2 主干网正式开通。

2005 年

2005 年 2 月 8 日,信息产业部发布了《非经营性互联网信息服务备案管理办法》。据此,信息产业部会同中宣部、国务院新闻办公室、教育部、公安部等 13 个部门联合开展全国互联网站集中备案工作,建立 ICP 备案信息、IP 地址使用信息、域名信息 3 个基础数据库,为加强互联网管理奠定基础。

2005 年 4 月底,上海文广新闻传媒集团下属的上海电视台正式获国家广电总局批准,开办以电视机、手持设备为接收终端的视听节目传播业务。这是国家广电总局在国内发放的首张 IPTV 业务经营牌照。

2005 年 6 月 29 日,首届中国网络媒体论坛开幕,国务院新闻办公室副主任蔡名照出席并讲话,提出要加快建立有中国特色的社会主义网络新闻宣传体系。

2005 年 6 月 30 日,我国网民首次突破 1 亿,达到 1.03 亿人,宽带用户数首次超过网民用户的一半。

2005 年 8 月 5 日,百度公司在美国纳斯达克挂牌上市。股票发行价为 27 美元,首日收盘价 122.54 美元,涨幅达 354%,创下 2000 年互联网泡沫以来纳斯达克 IPO 首发上市日涨幅最高纪录。

2005 年 9 月 25 日,国务院新闻办公室、信息产业部联合发布《互联网新闻信息服务管理规定》,自发布之日起实施。

2005 年 11 月 3 日,国务院总理、国家信息化领导小组组长温家宝主持召开国家信息化领导小组第五次会议,审议并原则通过了《国家信息化发展战略(2006—2020)》,进一步明确了互联网发展的重点。

2005 年 12 月 31 日,我国.CN 国家域名注册量首次突破百万大关。在所有亚洲国家和地区顶级域名(ccTLD)的注册量中位居第一,在全球所有国家和地区顶级域名中位居第六。

2006 年

2006 年 1 月 1 日,中华人民共和国中央人民政府门户网站(www.gov.cn)正式开通,成为国务院和国务院各部门以及各省、自治区、直辖市人民政府在互联网上发布政务信息和提供在线服务的综合平台。

2006 年 7 月 1 日,经国务院第 135 次常务会议审议通过的《信息网络传播权保护条例》开始施行。

2006 年 10 月 13 日,IETF 正式发布了由中国互联网络信息中心主导制定的《中文域名注册和管理标准》。

2006 年 12 月 18 日,中国电信、中国网通、中国联通、中华电信、韩国电信和美国 Verizon 公司 6 家运营商,在北京宣布共同建设跨太平洋直达光缆系统。

2006 年年底,名为"熊猫烧香"的病毒爆发,数百万台计算机遭到感染和破坏。调查显示,2006 年的新病毒中 90%以上带有明显的利益特征,病毒制作者从以炫耀技术为目的转向追求不正当利益。

2007 年

2007 年 1 月 23 日,胡锦涛总书记主持中共中央政治局集体学习时指出,能否积极利用和有效管理互联网,能否真正使互联网成为传播社会主义先进文化的新途径、公共文化服务的新平台、人们健康精神文化生活的新空间,关系到社会主义文化事业和文化产业的健康发展,关系到国家文化信息安全和国家长治久安,关系到中国特色社会主义事业的全局。

2007 年 2 月 28 日,中国最大的综合性平面媒体、中共中央机关报《人民日报》面向全国正式发行手机报,成为现代通信技术与新闻传媒融合的标志性事件。

2007 年 4 月 16 日,国务院新闻办公室主任蔡武出席中英媒体论坛并致辞。

2007 年 6 月 1 日,国家发展和改革委员会、国务院信息化工作办公室联合发布《电子商务发展"十一五"规划》。

2007 年 9 月 7 日,我国首次就农村互联网发展状况发布调查报告,农村互联网普及率为 5.1%,城镇互联网普及率为 21.6%。

2007 年 10 月 15 日,中国共产党第十七次全国代表大会报告指出,全面认识工业化、信息化、城镇化、市场化、国际化深入发展的新形势新任务,要坚持走中国特色新型工业化道路,大力推进信息化与工业化融合,加强网络文化建设和管理,营造良好网络环境。

2007 年 11 月 1 日,GB/T 20984—2007《信息安全技术 信息安全风险评估规范》等 7 项信息安全国家标准正式实施。

2007 年 11 月,第一届中美互联网论坛在美国西雅图举行,国务院新闻办副主任蔡名照出席会议并发表讲话。

2007 年 12 月,《国民经济和社会发展信息化"十一五"规划》发布。

2007 年 12 月 18 日,国际奥委会与中国中央电视台共同签署了"2008 年北京奥运会中国地区互联网和移动平台传播权"协议。这是奥运史上首次将互联网、手机等新媒体作为独立转播平台列入奥运会的转播体系。

2007 年 12 月 29 日,国家广播电影电视总局、信息产业部联合发布《互联网视听节目服务管理规定》。

2007 年,腾讯、百度、阿里巴巴市值先后超过 100 亿美元。中国互联网企业跻身全球最大互联网企业之列。

2008 年

2008 年 3 月 11 日,根据国务院机构改革方案,设立工业和信息化部。

2008 年 5 月 1 日,《中华人民共和国政府信息公开条例》颁布实施。

从 2008 年 5 月开始,开心网、校内网等社交网络迅速兴起并广泛传播,成为 2008 年的热门互联网应用之一。

截至 2008 年 5 月 23 日,在四川"5．12"抗震救灾报道中,人民网、新华网、中国新闻网、中央电视台网已发布抗震救灾新闻(含图片、文字、音视频)约 123000 条,在新闻报道中发挥了主导作用;新浪网、搜狐网、网易网、腾讯网整合发布新闻 133000 条。上述 8 家网站新闻点击量达到 116 亿次,跟帖量达 1063 万条。互联网在新闻报道、寻亲、救助、捐款等抗震救灾过程中发挥了重要作用,我国网络媒体的发展进入一个新的阶段。

2008 年 6 月 20 日,胡锦涛总书记通过人民网"强国论坛"同网友在线交流。互联网作为信息交流的重要渠道越来越受到党和政府的高度重视。

2008 年 6 月 30 日,我国网民总人数达到 2.53 亿人,首次跃居世界第一。

2008 年 7 月 22 日,".CN"域名注册量达 1218.8 万个,首次成为全球第一大国家顶级域名。

2009 年

2009 年 1 月 5 日,国务院新闻办公室、工业和信息化部、公安部、文化部、工商总局、广播电影电视总局、新闻出版总署 7 部委在北京召开电视电话会议,部署在全国开展整治互联网低俗之风专项行动。

2009 年 1 月 7 日,工业和信息化部为中国移动、中国电信和中国联通发放 3 张第三代移动通信(3G)牌照。

从 2009 年下半年起,新浪网、搜狐网、网易网、人民网等门户网站纷纷开启或测试微博功能。微博客吸引了社会名人、娱乐明星、企业机构和众多网民加入,成为 2009 年互联网热点应用之一。

2009 年 9 月 8 日,腾讯公司市值突破 300 亿美元,成为全球第三大市值的互联网公司。

2009 年 12 月 26 日,《中华人民共和国侵权责任法》通过,自 2010 年 7 月 1 日起施行,首次规定了网络侵权问题及其处理原则。

2010 年

2010 年 1 月 13 日,国务院总理温家宝主持召开国务院常务会议,决定加快推进电信网、广播电视网和互联网三网融合。6 月 30 日,国务院三网融合工作协调小组审议批准第一批三网融合试点地区(城市)名单。

2010 年 3 月,国家广播电影电视总局发放首批 3 张互联网电视牌照。

2010 年 5 月 31 日,工商总局正式公布《网络商品交易及有关服务行为管理暂行办法》。

2010 年 6 月 3 日,文化部公布《网络游戏管理暂行办法》。这是我国第一部针对网络游戏进行管理的部门规章。

2010 年 6 月 8 日,国务院新闻办公室发布《中国互联网状况》白皮书。

2010 年 6 月 14 日,中国人民银行公布《非金融机构支付服务管理办法》,将网络支付纳入监管。

2010 年 6 月 25 日,第 38 届 ICANN 年会决议通过将".中国"域名纳入全球互联网根域名体系。7 月 10 日,".中国"域名正式写入全球互联网根域名系统。

2010 年 11 月 7 日,IETF 第 79 次大会在北京召开。这是 IETF 会议首次在中国大陆举行。

2010 年团购网站兴起,当年网络团购用户数达到 1875 万人。

2011 年

2011 年 5 月,国家互联网信息办公室正式成立,王晨任主任。

2011 年 5 月 18 日,中国人民银行根据《非金融机构支付服务管理办法》,下发首批 27 张第三方支付牌照——支付业务许可证。

2011 年 12 月 16 日,最高人民法院发布《关于充分发挥知识产权审判职能作用,推动社会主义文化大发展大繁荣和促进经济自主协调发展若干问题的意见》,针对网络侵权事件,明确了网络环境下的著作权侵权判定规则。

2011 年 12 月 16 日,《北京市微博客发展管理若干规定》出台,规定任何组织或者个人注册微博客账号应当使用真实身份信息。随后,广州、深圳、上海、天津等地也采取相同措施。

2011 年 12 月 21 日,开发者技术社区 CSDN 中,600 万用户的数据库信息被黑客公开。用户信息泄露事件引发网民对网络和信息安全的高度关注。

2011 年 12 月 23 日,国务院总理温家宝主持召开国务院常务会议,明确了我国发展下一代互联网的路线图和主要目标。

2011 年,百度、腾讯、新浪、阿里巴巴等互联网企业纷纷宣布开放平台战略,竞争格局向竞合转变。

2011 年,微博成为重要舆论平台。据统计,2011 年我国微博客用户已达 2.5 亿,较上一年增长了 296%。

2012 年

2012 年 1 月 18 日,由我国主导制定、大唐电信集团提出的 TD-LTE,被国际电信联盟确定为第四代移动通信国际标准之一。

2012 年 2 月 14 日,工业和信息化部发布《物联网"十二五"发展规划》。

2012 年 3 月 27 日,国家发展改革委等 7 个部门研究制定了

《关于下一代互联网"十二五"发展建设的意见》。

2012年4月,中央重点新闻网站人民网在国内A股成功上市,实现了中央重点新闻网站上市零的突破,标志着我国网络媒体建设进入新阶段。

2012年5月9日,国务院总理温家宝主持召开国务院常务会议,通过了《关于大力推进信息化发展和切实保障信息安全的若干意见》。

2012年7月9日,国务院印发《"十二五"国家战略性新兴产业发展规划》,提出实施"宽带中国"工程。

2012年9月18日,科技部发布《中国云科技发展"十二五"专项规划》,以加快推进云计算技术创新和产业发展。

2012年9月18日,新兴国家互联网圆桌会议在北京举行,国务院新闻办公室、国家互联网信息办公室主任王晨出席会议并发表主旨演讲。这是新兴国家间首次就互联网问题开展对话交流。

2012年11月1日,在中国互联网协会组织下,12家搜索引擎服务企业签署了《互联网搜索引擎服务自律公约》。

2012年11月8日,中国共产党第十八次全国代表大会报告指出,坚持走中国特色新型工业化、信息化、城镇化、农业现代化道路,推动信息化和工业化深度融合、工业化和城镇化良性互动、城镇化和农业现代化相互协调,促进工业化、信息化、城镇化、农业现代化同步发展。并将促进工业化、信息化、城镇化、农业现代化同步发展,首次写入党的十八大通过的新党章。

2012 年,政务微博快速发展。2012 年 10 月底,新浪微博认证的政务微博数量达 60,064 个,较 2011 年同期增长 231%;11 月 11 日,腾讯微博认证政务微博达 70,084 个。

2012 年 12 月 5 日,首届中韩互联网圆桌会议在北京开幕。国家互联网信息办公室主任王晨出席会议并作主旨演讲。

2012 年 12 月 28 日,《关于加强网络信息保护的决定》由全国人民代表大会常务委员会审议通过,要求保护个人电子信息、防范垃圾电子信息、确立网络身份管理制度并赋予了有关主管部门必要的监管权力。

截至 2012 年 12 月,根据腾讯发布的数据,从 2011 年 1 月推出微信以来,仅两年时间微信注册用户达 2.7 亿,用户数量实现快速增长。

截至 2012 年 12 月底,中国手机网民规模为 4.2 亿,使用手机上网的网民规模超过了台式电脑。

2013 年

2013 年 2 月 17 日,国务院公布《关于推进物联网有序健康发展的指导意见》。国家发展改革委等部门联合印发了《物联网发展专项行动计划(2013—2015)》,制定了 10 个物联网发展专项行动计划。

2013 年 6 月 25 日,在公安部指导下,阿里巴巴、腾讯、百度、新浪、盛大、网易、亚马逊中国等 21 家互联网企业成立了"互联网反欺诈委员会",以推进全网联合打击网络诈骗,共建交易安全生态圈。

2013 年 7 月 8 日,中美两国确定在中美战略安全对话框架下设立网络安全工作组,并在华盛顿举行第一次会议。此前外交部设立了网络事务办公室,负责协调开展有关网络事务的外交活动。

2013 年 7 月 16 日,工业和信息化部公布《电信和互联网用户个人信息保护规定》。

2013 年 8 月 1 日,国务院印发《"宽带中国"战略及实施方案》。

2013 年 8 月 10 日,"网络名人社会责任论坛"举行,国家互联网信息办公室主任鲁炜与网络名人进行交流座谈,并提出六点希望,达成坚守"七条底线"的共识。

2013 年 8 月 14 日,国务院印发《关于促进信息消费扩大内需的若干意见》。

2013 年 9 月 9 日,最高人民法院和最高人民检察院出台《关于办理利用信息网络实施诽谤等刑事案件适用法律若干问题的解释》,自 9 月 10 日起施行。

2013 年 10 月 25 日,新《中华人民共和国消费者权益保护法》发布,规定经营者采用网络、电视、电话、邮购等方式销售商品,消费者有权自收到商品之日起七日内退货,并明确了个人信息的保护以及规定了网络交易平台的责任等。

2013 年 11 月 9 日,中国共产党第十八届三中全会召开。《中共中央关于全面深化改革若干重大问题的决定》指出,加大依法管理网络力度,加快完善互联网管理领导体制,形成从技术到内容、从日常安全到打击犯罪的互联网管理合力确保国家网络和信息安全,以维护国家安全和社会稳定。

2013 年 11 月 19 日,国家统计局与百度、阿里巴巴等 11 家企业签订了《大数据战略合作框架协议》,旨在共同推进大数据在政府统计中的应用,增强政府统计的科学性和及时性。

2013 年 12 月 4 日,我国正式发放首批 4G 牌照。中国移动、中国电信和中国联通获颁"LTE/第四代数字蜂窝移动通信业务(TD-LTE)"经营许可。

2013 年 12 月 26 日,工业和信息化部颁发了首批"移动通信转售业务"运营试点资格,11 家民营企业获得虚拟运营商牌照。

2013 年,中国互联网企业出现并购热潮。4 月 29 日,阿里巴巴以 5.86 亿美元入股新浪微博;5 月 7 日,百度以 3.7 亿美元收购 PPS 视频业务;9 月 16 日,腾讯以 4.48 亿美元注资搜狗;10 月 28 日,苏宁云商与联想控股旗下弘毅资本共同出资 4.2 亿美元,战略投资 PPTV。此外,7 月 16 日,百度全资子公司百度(香港)有限公司宣布以 18.5 亿美元收购 91 无线网络有限公司 100% 股权,成为中国互联网最大并购案。

截至 2013 年 12 月底,中国网络零售交易额达到 1.85 万亿元。有数据显示,中国超过美国成为全球第一大网络零售市场。

截至 2013 年 12 月底,余额宝客户数达 4303 万人,资金规模达 1853 亿元。余额宝、百发在线、微博钱包、微支付、京保贝等互联网金融产品,丰富了人们投融资的渠道与方式。

2013 年,胡启恒院士入选国际互联网协会"互联网名人堂"。

2014 年

2014 年 2 月 27 日,习近平总书记主持召开中央网络安全和信息化领导小组第一次会议并发表重要讲话,强调网络安全和信息化是事关国家安全和国家发展、事关广大人民群众工作生活的重大战略问题,要从国际国内大势出发,总体布局,统筹各方,创新发展,努力把我国建设成为网络强国。这次会议宣告,中央网络安全和信息化领导小组成立,习近平总书记亲自担任组长,李克强、刘云山同志任副组长。设立中央网络安全和信息化领导小组办公室,鲁炜任主任。

2014 年 3 月 7 日,中国互联网博物馆举行筹建启动仪式。

2014 年 4 月 20 日,中国迎来全功能接入互联网 20 周年。经过二十年的发展,中国已成为名副其实的互联网大国,网民数量、互联网基础设施规模达到世界第一,产生了一批具有世界影响力的优秀互联网企业,网络经济在国民经济中的占比位居全球前列。

2014 年第一季度,中国智能手机出货量占全球总量的 35%,位居全球第一。

2014 年 5 月 28 日,国家食品药品监督管理总局发布《互联网食品药品经营监督管理办法(征求意见稿)》,明确提出,互联网药品经营者应当按照药品分类管理规定的要求,凭处方销售处方药,向业界传达了电商平台可以销售处方药的信号。

2014 年 6 月 23 日,国家互联网信息办公室主任鲁炜出席在英国伦敦举行的 ICANN 第 50 次大会的高级别政府会议,提出推动 ICANN 国际化和互联网全球共治的"平等开放、多方参与、安全可信、合作共赢"四项原则,以及加强网络空间治理的七点共识。

2014 年 7 月,中文新通用顶级域名".公司"".网络"正式开放注册。这是继".中国"之后,中文顶级域名在全球战略部署取得的又一重大进展。

2014 年 7 月 16 日,国家主席习近平在巴西国会发表演讲,提出国际社会要本着相互尊重和相互信任的原则,通过积极有效的国际合作,共同构建和平、安全、开放、合作的网络空间,建立多边、民主、透明的国际互联网治理体系。

2014 年 8 月 7 日,国家互联网信息办公室发布《即时通信工具公众信息服务发展管理暂行规定》,对通过即时通信工具从事公众信息服务活动提出了明确管理要求。

2014 年 8 月 18 日，习近平总书记主持召开中央全面深化改革领导小组第四次会议，审议通过了《关于推动传统媒体和新兴媒体融合发展的指导意见》，并强调要强化互联网思维，坚持传统媒体和新兴媒体优势互补、一体发展，推动传统媒体和新兴媒体深度融合，打造新型主流媒体，形成现代传播体系。

2014 年 8 月 26 日，国务院授权国家互联网信息办公室负责互联网信息内容管理工作，并负责监督管理执法。

2014 年 8 月 26 日，第十三届中国互联网大会在北京召开，工业和信息化部部长苗圩出席大会并致辞。

2014 年 9 月 10 日，国家互联网信息办公室发出通知，要求全国各地网信部门推动运用即时通信工具开展政务信息服务工作。据统计，截至 2014 年年底，全国政务微信总量达到 40924 个。政务微信已经成为政府施政的新平台。

2014 年 9 月 19 日，阿里巴巴在美国纽约交易所上市，创下了美国市场有史以来规模最大的 IPO 交易。

2014 年 10 月 21 日，国家新闻出版广电总局与国家互联网信息办公室联合发出《关于在新闻网站核发新闻记者证的通知》，加强新闻网站编辑记者队伍建设。

2014 年 10 月 23 日，中国共产党十八届四中全会召开。《中共中央关于全面推进依法治国若干重大问题的决定》指出，加强互联网领域立法，完善网络信息服务、网络安全保护、网络社会管理等方面的法律法规，依法规范网络行为。

2014 年 11 月 19 日，首届世界互联网大会在浙江乌镇举行。国家主席习近平向大会致贺信，国务院总理李克强会见出席大会的中外代表，国务院副总理马凯出席并致辞。会议由国家互联网信息办公室和浙江省人民政府共同举办。这是中国举办的规模最大、层次最高的互联网大会，也是目前世界互联网领域的高峰会议。

2014 年 11 月 8 日至 11 日，国家主席习近平出席加强互联互通伙伴关系对话会、APEC 工商领导人峰会及亚太经合组织（APEC）第 22 次领导人非正式会议，并发表重要讲话。指出要加快完善基础设施建设，打造全方位互联互通格局；并宣布，中国将出资 400 亿美元成立丝路基金，为"一带一路"沿线国家基础设施、资源开发、产业合作和金融合作等与互联互通有关的项目提供投融资支持。

2014 年 11 月 24 日，首届中国国家网络安全宣传周启动。中央政治局常委、中央书记处书记、中央网络安全和信息化领导小组副组长刘云山同志出席启动仪式并发表重要讲话。马凯、刘奇葆、郭声琨出席上述活动。这项活动由中央网信办等多部委联合主办。

2014 年 12 月 12 日，中国银监会批准深圳前海微众银行开业，成为中国首个互联网民营银行。

2014 年，中国互联网企业掀起新的上市热潮。新浪微博、京东、阿里巴巴、途牛等互联网企业赴美上市。全球市值最高的

10 家互联网企业中,阿里巴巴、腾讯、百度、京东四家中国公司入榜。

2014 年,中国 4G 业务正式投入运营,移动运营商不断加大 4G 网络基础设施建设,国内 4G 用户规模突破 9000 万。

2014 年,中国跨境电子商务企业已经超过 20 万家,平台企业已经超过 5000 家。交易额达到 37503 亿元,同比增长 39%。天猫、京东、苏宁等各大网络零售平台上线跨境业务。天猫"双十一"活动拓展至全球范围,217 个国家和地区参与其中。

2014 年,钱华林研究员入选国际互联网协会"互联网名人堂"。

2015 年

2015 年 1 月 6 日,国务院印发《关于促进云计算创新发展培育信息产业新业态的意见》。

2015 年 3 月 1 日起,我国正式实施《宽带接入网业务开放试点方案》,宽带接入开始向民间资本开放。首批确定太原、沈阳、哈尔滨、上海、南京、杭州、宁波等 16 个试点。

2015 年 3 月 2 日,中国文化网络传播研究会获民政部正式批复,这是国家互联网信息办公室主管的第一家全国性网络社会组织。

2015 年 4 月 15 日,全国首家大数据交易所在贵阳成立,率先推动了数据互联共享方面的探索。百度、阿里巴巴、腾讯等众多互联网巨头开始加速其在数据领域的布局。数据成为推进经济发展新动力。

2015 年 4 月 29 日,中国文化网络传播研究会成立,由从事中国文化研究的专家学者和从事网络传播的个人、企事业单位和社会组织组成的全国性、学术性、非营利性社会组织,借助网络社会各种有效模式,引导网络文化健康发展。

2015 年 5 月 19 日,国务院印发《中国制造 2025》,部署全面推进实施制造强国战略,指出要发展基于互联网的个性化定制、众包设计、云制造等新型制造模式。

2015 年 5 月 22 日,中国互联网发展基金会正式挂牌,这是中国同时也是全球范围内第一个互联网领域的公募基金会。

2015 年 6 月 1 日,第二届国家网络安全宣传周启动。中央网信办等十部门联合主办。国家互联网信息办公室主任鲁炜出席启动仪式并致辞。指出要突出青少年网络安全宣传教育,从基础做起,从娃娃抓起,大力培育有高度的安全意识、有文明的网络素养、有守法的行为习惯、有必备的防护技能的"中国好网民"。6 月中旬,中央网信办正式启动"2015 中国好网民"系列活动。

2015 年 6 月 8 日,中宣部与中央网信办共同举办网络公益活动推进会,凝聚互联网行业力量,着力发展网络公益事业。80 家全国有代表性的互联网站和互联网企业签署了《共同推进网络公益倡议书》。

2015年6月12日，国家互联网信息办公室举办以"网络诚信伴我行"为主题的首届网络诚信宣传日活动。期间召开了主题座谈会，旗帜鲜明地提出"三实三主动"，大力倡导网站诚信办网、网民诚信用网的理念。

2015年6月30日，国家互联网信息办公室主任鲁炜代表中国政府出席在巴西圣保罗召开的全球互联网治理联盟第一次会议并发表演讲，阿里巴巴董事局主席马云当选为联盟理事会联合主席。

2015年2月至6月，国家互联网信息办公室联合工业和信息化部、公安部、民政部和全国妇联等部门深入开展"婚恋网站严重违规失信"专项整治工作，坚决清理、查处、关闭一批违法违规和严重失信婚恋网站，维护群众合法权益，树立互联网行业诚信建设新标准。

2015年5月4日，国务院印发《关于大力发展电子商务加快培育经济新动力的意见》。2015年8月31日，商务部等19个部门联合印发《关于加快发展农村电子商务的意见》。

2015年7月1日，《国家安全法》正式实施，提出建设网络与信息安全保障体系，提升网络与信息安全保护能力，加强网络和信息技术的创新研究和开发应用，实现网络和信息核心技术、关键基础设施和重要领域信息系统及数据的安全可控；加强网络管理，防范、制止和依法惩治网络攻击、网络入侵、网络窃密、散布违法有害信息等网络违法犯罪行为，维护国家网络空间主权、安全和发展利益。

2015 年 7 月 8 日，《中华人民共和国网络安全法（草案）》经人大常委会审议，面向社会公开征求意见。

2015 年 9 月 13 日，"中国—东盟信息港论坛"在广西南宁召开，由国家互联网信息办公室、国家发展和改革委员会与广西壮族自治区人民政府共同主办。

2015 年 9 月 22 日，国家主席习近平接受了美国《华尔街日报》书面采访，就中美关系、两国在亚太及国际地区事务中的合作、两国人民交往、完善全球治理体系、中国经济形势、中国全面深化改革、外国企业在华投资、中国互联网政策、反腐败等回答了提问。

2015 年 9 月 23 日，国家主席习近平在美国西雅图会见了出席第八届"中美互联网论坛"的中美两国商界领袖，并发表重要讲话。

2015 年 10 月 20 日，2015 世界物联网大会在江苏无锡举行。由工业和信息化部与世界华商联盟会联合主办。

2015 年 10 月 26 日，中共中央十八届五中全会召开。《中共中央关于制定国民经济和社会发展第十三个五年规划的建议》提出了"创新、协调、绿色、开放、共享"五大发展理念，并在"十三五"规划的建议中明确了实施国家安全战略、网络强国战略、国家大数据战略、军民融合发展战略，加强网上思想文化阵地建设，推动传统媒体和新兴媒体融合发展、加强国际传播能力建设等重大任务。

2015年11月1日,《刑法修正案(九)》正式颁布实施,明确了网络服务提供者履行信息网络安全管理的义务,加大了对信息网络犯罪的刑罚力度,进一步加强了对公民个人信息的保护,对编造和传播虚假信息犯罪设立了明确条文。

2015年11月6日,首批新闻网站记者证发放。人民网、新华网、光明网等14家中央主要新闻网站首批594名记者获发新闻记者证,成为首批"持证上岗"网络媒体记者。

2015年11月23日,世界机器人大会在北京举行。习近平总书记为大会致贺信。

2015年,电商移动端购物发展迅猛。"双十一"期间,各家主流电商移动端的支付比例为60%—80%,移动端支付首超台式电脑。

2015年,国务院先后印发《促进大数据发展行动纲要的通知》《运用大数据加强对市场主体服务和监管的若干意见》等文件,全面推进我国大数据发展和应用,加快建设数据强国。

2015年,互联网行业进入兼并整合期。2月,滴滴、快的宣布两家实现战略合并;4月,58同城宣布战略入股赶集网;5月,携程以4亿美元收购艺龙37.6%的股份;10月,美团和大众点评合并,成为中国最大的O2O平台公司。

2015年,中国积极参与全球互联网治理。2015年6月30日于巴西圣保罗举办的全球互联网治理联盟第一次会议,7月3

日于德国柏林召开的中德互联网产业圆桌会议,7 月 6 日于比利时召开的第一届中欧数字合作圆桌会议,9 月 23 日于美国西雅图举办的第八届中美互联网论坛,10 月 19 日于英国伦敦举办的第六届中英互联网圆桌会议等重要国际会议,国家互联网信息办公室代表中国政府参加。

2015 年 12 月 1 日,中美打击网络犯罪及相关事项高级别对话在美国华盛顿举行,中国国务委员郭声琨与美国司法部部长林奇、国土安全部部长约翰逊共同主持。

2015 年 12 月 16 日至 18 日,第二届世界互联网大会在浙江乌镇成功召开。大会以"互联互通,共享共治——构建网络空间命运共同体"为主题,来自全球 120 多个国家和地区的政府代表、国际组织负责人、互联网企业领军人才、著名企业家、专家学者等共 2000 多名嘉宾代表出席大会。16 日,中共中央总书记、国家主席习近平出席开幕式并发表主旨演讲,系统阐释了推进全球互联网治理体系变革的四项原则和构建网络空间命运共同体的五点主张,彰显了国际道义力量,赢得与会嘉宾高度认同和积极呼应,赢得国际社会热烈反响和普遍赞誉,为全球互联网治理贡献了中国方案,在世界互联网史上具有里程碑意义。与会嘉宾围绕习主席主旨演讲及大会主题,就全球互联网建设、发展和治理进行深入探讨。18 日,大会组委会在闭幕新闻发布会上发布了《乌镇倡议》,集中体现了中国互联网发展治理理念特别是习主席提出的"四项原则""五点主张",凝聚了国际社会和各利益相关方的最大共识和共同愿景,指明了互联网未来发展前进方向,开启了全球互联网发展治理的"乌镇进程"。

2015年12月15日至18日,"互联网之光"博览会成功举办。来自国内和欧美、亚太、拉美等国家和地区的258家企业参加了展览,共展出1000多项新技术、新产品,其中80%为国内重大技术成果和创新产品,并且都是党的十八大以来特别是中央网络安全和信息化领导小组成立后取得的,充分体现了近年来党中央实施网络强国战略、"互联网+"行动计划的生动实践和显著成就。16日,中共中央总书记、国家主席习近平视察"互联网之光"博览会,强调要用好互联网带来的重大机遇,以十八届五中全会提出的"五大发展理念"为指导,全面实施网络强国战略、大数据战略和"互联网+"行动计划,鼓励更多产业利用互联网实现转型发展、更好发展,为我国经济发展提质增效做出贡献,让互联网发展成果惠及13亿多中国人民。

2016年

2016年4月19日,中共中央总书记、国家主席、中央军委主席、中央网络安全和信息化领导小组组长习近平在京主持召开网络安全和信息化工作座谈会并发表重要讲话,强调按照创新、协调、绿色、开放、共享的发展理念推动我国经济社会发展,是当前和今后一个时期我国发展的总要求和大趋势。网信事业发展要适应这个大趋势,在践行新发展理念上先行一步,推进网络强国建设,让互联网更好地造福国家和人民。他指出,网信事业要发展,必须贯彻以人民为中心的发展思想,让亿万人民在共享互联网发展成果上有更多获得感;要建设网络良好生态,发挥网络引导舆论、反映民意的作用,为广大网民特别是青少年营造一个风清气正的网络空间;要尽快在核心技术上取得突破,集合精锐力量,作出战略性安排;要树立正确的网络安全观,共筑网络安全防线;要增强互联网企业使命感、责任感,共同促进互联网持续健康发展;要聚天下英才而用之,为网信事业发展提供有力人才支撑。中共中央政治局常委、中央网络安全和信息化领导小组副组长李克强、刘云山出席座谈会。马凯、王沪宁、刘奇葆、范长龙、孟建柱、栗战书、杨洁篪、周小川出席座谈会。

后　记

　　中国互联网已走过 20 年不平凡的发展历程。这 20 年的历史，是不懈奋斗的追梦史，是筚路蓝缕的成长史，是波澜壮阔的发展史，是可歌可泣的创业史！中国互联网 20 年发展的巨大成就得益于党和政府的高瞻远瞩，得益于中国的改革开放政策和市场环境，得益于无数互联网人的拼搏奋斗，得益于互联网企业的创新和进取，也得益于国际互联网的互联互通、开放共享。

　　今天，"十三五"的号角已经吹响，中国正在从网络大国向网络强国奋步迈进。"雄关漫道真如铁，而今迈步从头越。"站在历史的转折点，回望过去，是为了继往开来，书写历史，是为了更好地前行。

　　编撰《中国互联网 20 年发展报告》（以下简称《报告》），旨在全面回顾 20 年来中国互联网的发展历程，全景展示中国互联网的发展成就，系统总结中国互联网的发展经验，科学展望中国互联网的发展前景。特别希冀通过对互联网发展治理之中国道路的经验梳理，为世界各国互联网发展治理提供中国经验、贡献中国智慧。

　　《报告》的编撰得到中央网信办的指导和支持，办领导给予了具体指导,提出"盛世修史。一定要以高度的政治责任感和历史使命感,全面、客观、准确地把中国互联网 20 年发展史、创新史、贡献史讲清讲全讲透"。报告编撰工作征求了周宏仁、胡启恒、邬贺铨、何德全、刘韵洁、方滨兴、吴建平和陈静、钱华林、曹淑敏、何加正、熊澄宇、侯自强、周汉华等院士和专家的意见,得到了中央和国家机关有关部门、高校、科研院所、互联网企业等机构和业界专家的大力支持,在此深表感谢。

编撰工作由中央网信办办领导牵头,中央网信办专家委秘书处负责组织协调。高新民、刘越、孙永革、姜奇平、李欲晓、何伟、曹蓟光、高爽、孟蕊、柯飞宁、李颖新、田玉鹏、张子浩执笔,形成两个阶段稿。在此基础上,李韬、杨春艳、张望、徐运红、温锐松执笔,形成第三稿。中央网信办各局、各直属单位对报告编写给予了大力支持,吴东、杨树桢、姜军、范力、方楠、徐丰、黄其正、章勋宏、赵泽良、徐愈、王贵驷、梁立华、张洪武、祁小夏、安玉林、方欣欣、李晓东、张宏伟等同志参与了编审工作,北京市网信办提供了部分资料。本书部分图片由新华社提供。

书写中国互联网 20 年历史是一项极具挑战性的工作,《报告》中难免存在一些疏漏和不足,敬请批评指正。

中国网络空间研究院

2016 年 5 月

策　　划:张文勇

责任编辑:张文勇　史　伟　孙　逸

封面设计:林芝玉

图书在版编目(CIP)数据

中国互联网20年发展报告/中国网络空间研究院 著. —北京:人民出版社,
　　2017.3

ISBN 978－7－01－017520－1

Ⅰ.①中…　　Ⅱ.①中…　　Ⅲ.①互联网络-发展-研究-报告-中国

　　Ⅳ.①TP393.4

中国版本图书馆 CIP 数据核字(2017)第 059732 号

中国互联网 20 年发展报告

ZHONGGUO HULIANWANG 20 NIAN FAZHAN BAOGAO

中国网络空间研究院　　著

人民出版社 出版发行

(100706　北京市东城区隆福寺街 99 号)

北京尚唐印刷包装有限公司印刷　新华书店经销

2017 年 3 月第 1 版　2017 年 3 月北京第 1 次印刷

开本:710 毫米×1000 毫米 1/16　印张:11.5　插页:12

字数:120 千字　印数:0,001—6,000 册

ISBN 978－7－01－017520－1　定价:39.80 元

邮购地址 100706　北京市东城区隆福寺街 99 号

人民东方图书销售中心　电话 (010)65250042　65289539